全球最尖端武器

海上決戰

中國海軍 PK 日本海軍

弗雷德・希爾 著　西风 譯

Disclaimer
The views expressed in this work are those of the authors and do not reflect the
official policy or position of any countries' government, or the publisher.

作者聲明
本書所述觀點僅為作者所持，不代表任何政府官方和軍方觀點。也不代表本書出版商
觀點。
專此聲明

書　　　名	海上決戰·中國海軍PK日本海軍	
著　　　者	弗雷德·希爾	
譯　　　者	西風	
叢書策劃	西風	
責任編輯	西風	
繁體中文審核	謝俊龍	
出　　　版	全球防務出版公司	
聯絡信箱	porticowd@gmail.com	
發　　　行	香港聯合書刊物流有限公司	
	香港新界大埔汀麗路36號3字樓	
版　　　次	二〇一二年十月香港第一版第一次印刷	
規　　　格	16開（170×230毫米）　224面	
ISBN—13	978-1-60633-536-9	

由於某些原因，本書作者未能獲得某些圖片攝影者授權，也同樣由於某些原因，不能註明某些圖片來源，
請知情者與出版商聯絡

Chapter 1

日本海軍

Chapter 2

中國海軍

目錄
CONTENTS

Chapter 5

潛艦部隊

上圖：「日向」號直升機航空母艦。（圖片來源：日本海上自衛隊）

Chapter 1
日本海軍

概述

日本海上自衛隊，英文Japan Maritime Self Defense Force 縮寫為JMSDF。是防衛省的下屬特別機關。相當於其他國家的海軍。一九七四年七月一日在原保安廳警備隊基礎上改名組建。

日本一九四五年戰敗投降後，軍隊被解散，軍事機構被撤消。一九五〇年朝鮮戰爭爆發後，美國基於其自身需要指令日本成立「海上警備隊」，並提供軍備支援。一九五四年新建防衛廳，將海上警備隊改稱為海上自衛隊。由於日本不能擁有軍隊，而且採取專守防衛的立場，因此並不配備大型戰艦、航空母艦以及核動力潛艦。其主要任務是防衛日本領海，以「質重於量」為建軍方針。

上圖：日本海上自衛隊（圖片來源：日本海上自衛隊）

冷戰後日本海上自衛隊的作用可以用「烈度軸」、「時間軸」和「地域軸」等三個坐標軸來表示，它們分別代表「從參加國際緊急援助活動到日本發生有事事態」、「從平時到有事」和「從日本周邊到印度洋」。海上自衛隊的作用在這三方面都取得了切實的發展。今後海上自衛隊的艦艇將要處理各種各樣的事態，這就要求進一步提高艦艇的「多用途性」、「機動性」和「續航性」。日本海上自衛隊開始參與聯合國維和行動，此一類似向海外派兵的行動引起極大的爭議。目前兵力約4.6萬人左右，擁有各式艦艇超過一百六十艘。

上圖：「日向」號直升機航空母艦。（圖片來源：日本海上自衛隊）

組織架構

- ● 海上幕僚監部
- ◎ 總務部
- ◎ 人事教育部
- ◎ 防衛部
- ◎ 指揮通信情報部
- ◎ 裝備部
- ◎ 技術部
- ◎ 監察官
- ◎ 首席法務官
- ◎ 首席會計監查官
- ◎ 首席衛生官
- ● 自衛艦隊（司令部：神奈川縣橫須賀市）
  - ◎ 護衛艦隊（司令部：神奈川縣橫須賀市）
    - ■ 第一1護衛隊群（司令部：神奈川縣橫須賀市）
    - ■ 第二護衛隊群（司令部：長崎縣佐世保市）
    - ■ 第三護衛隊群（司令部：京都府舞鶴市）
    - ■ 第四護衛隊群（司令部：廣島縣吳市）

■ 海上訓練指導隊群
■ 第一輸送隊
■ 第一海上補給隊
◎ 航空集團（司令部：神奈川縣綾瀨市）
■ 第一航空群
■ 第二航空群
■ 第四航空群
■ 第五航空群
■ 第二十一航空群
■ 第二十二航空群
■ 第三十一航空群
■ 第五十一航空隊
■ 第六十一航空隊
■ 第一一一航空隊
■ 第一航空修理隊
■ 第二航空修理隊
■ 航空管制隊
■ 機動施設隊
◎ 潛水艦隊（司令部；神奈川縣橫須賀市）
■ 第一潛水隊群（司令部：廣島縣吳市）
■ 第二潛水隊群（司令部：神奈川縣橫須賀市）
■ 潛水艦教育訓練隊

◎ 掃海隊群
◎ 開發隊群
◎ 情報業務群
◎ 海洋業務群
◎ 特別警備隊
● 橫須賀地方隊（司令部：神奈川縣橫須賀市）
● 佐世保地方隊（司令部：長崎縣佐世保市）
● 舞鶴地方隊（司令部：京都府舞鶴市）
● 大湊地方隊（司令部：青森縣大湊市）
● 吳地方隊（司令部：廣島縣吳市）
● 教育航空集團（司令部：千葉縣柏市）
◎ 下總教育航空群
◎ 德島教育航空群
◎ 小月教育航空群
◎ 第二一一教育航空隊
● 練習艦隊
● 系統通信隊群
● 警務隊
● 情報保全隊
● 潛水醫學試驗隊

- 幹部學校
- 候補生學校
- 術科學校
- 補給本部（司令部：東京都北區）
  ◎ 艦船補給處
  ◎ 航空補給處

上圖：日本艦隊（圖片來源：日本海上自衛隊）

下圖：「日向」號直升機航母。（圖片來源：日本海上自衛隊）

艦隊組成

級別	日本稱呼	通行分類	艘數
日向（Hyūga）級	護衛艦	直升機航母	2
大隅（Osumi）級	輸送艦	直升機航母	3
由良（Yura）級	輸送艦	兩棲攻擊艦	12
白根（Shirane）級	護衛艦	直升機巡洋艦	2
榛名（Haruna）級	護衛艦	直升機巡洋艦	2
愛宕（Atago）級	護衛艦	宙斯盾飛彈驅逐艦	2
金剛（Kongō）級	護衛艦	宙斯盾飛彈驅逐艦	4
旗風（Hatakaze）級	護衛艦	飛彈驅逐艦	2
太刀風（Tachikaze）級	護衛艦	飛彈驅逐艦	2
秋月級（Akiziki）級	護衛艦	通用驅逐艦	4
高波（Takanami）級	護衛艦	反潛驅逐艦	5
村雨（Murasame）級	護衛艦	反潛驅逐艦	9
朝霧（Asagiri）級	護衛艦	驅逐艦	6
初雪（Hatsuyuki）級	護衛艦	驅逐艦	11
阿武隈（Abukuma）級	護衛艦	巡防艦	6
夕張（Yubari）級	護衛艦	巡防艦	2
石狩（Ishikari）級	護衛艦	巡防艦	1
親潮（Oyashio）級	柴電潛艦	柴電潛艦	11
春潮（Harushio）級	柴電潛艦	柴電潛艦	6
蒼龍（Souryu）級	柴電潛艦	柴電潛艦	3
隼（Hayabusa）級	飛彈艇	飛彈快艇	6
浦賀（Uraga）級	掃海母艦	布雷艦	2
八重山（Yaeyama）級	掃海艦	掃雷艦	3
菅島（Sugashima）級	掃海艇	掃雷艇	12

作戰指導思想

由「專守防禦」轉向「攻勢防禦」

根據日本和平憲法的精神，日本戰後的安全戰略一直是以「專守防衛」為核心，其類型是一種被動式防禦。冷戰後，日本海上自衛隊不斷對其作戰思想進行調整，上世紀九十年代，日本確立了「廣域防衛，洋上殲敵」的積極防禦思想，並實施預先前置的防衛戰略，以「遏制事態發生」或「早日排除事態」。到二〇〇一年，其防衛白皮書甚至公開宣稱，一旦國家戰略需要，日本將「對他國發動先發制人的打擊」。同時大力發展先發制人的作戰力量，加快了進攻性武器的發展。目前，日本海上自衛隊早已超出自身防衛的需要，已經具備了全球攻防的能力。

正是在遠洋積極防禦作戰思想的指導下，從二十一世紀開始，為應對「新型威脅」，日本海上自衛隊加快了其遠洋機動作戰力量的建

下圖：日本海上自衛隊驅逐艦隊 (圖片來源：日本海上自衛隊)

設，在裝備發展上，不斷推動其艦艇裝備向大型化、飛彈化、遠洋化發展，重點發展海基飛彈防禦系統和具有遠洋作戰能力的「准航母」大型水面艦艇，並注重加強海上巡邏裝備的建設。

日本軍事裝備建設向來注重質量，在裝備發展上注重謀求技術優勢，在該國雄厚的經濟實力支持下，海上自衛隊的裝備已經躋身世界海軍裝備強國之列，反潛、掃雷和常規潛艦等裝備處於世界先進水平。然而，日本並沒有滿足現狀，近年來，海上自衛隊更加重視信息戰裝備的發展，信息戰能力不斷提高，並開始了新一輪造艦計劃。

同時，日本並沒有放棄長期以來擁有真正航母的努力。日本是世界上較早研發航母的國家之一。一九二二年，日本建造的「鳳翔號」被認為是世界上第一艘標準的航母。二戰期間，日本建造了二十多艘航母，一度橫行海上，成為其野心高度膨脹的催化劑。

下圖：日本海上自衛隊支援艦 (圖片來源：日本海上自衛隊)

二戰後，日本作為戰敗國，放棄進攻性武器，航母自然也在禁止範圍之內。但由於日本擁有建造航母的技術和基礎，再加上再現昔日稱霸海洋的輝煌一直是其揮之不去的情結，日該國內幾度出現要求重造航母的聲音。

上世紀八十年代初，日本政府和軍方緊鑼密鼓地策劃建造小型航母，只是由於美國與日該國內反戰人士的反對，計劃才被迫取消。但

日本發展航母的意圖從未消失過，而且更加策略：不再直接提「授人以柄」的造航母的說法，而是以發展大型運輸艦、驅逐艦、護衛艦的名義，走上了實質性擁有航母的道路。

一九八八年日本經通過憲法解釋允許擁有「防禦性」的輕型航母，「日向」號就是以此發展起來

下圖：日本海上自衛隊181「日向」號准航空母艦 (圖片來源：日本海上自衛隊)

的。一九九八年日本海上自衛隊第一艘擁有直通甲板的「大隅」號兩棲攻擊艦服役，這是日本在追逐航母夢想上邁出的重要一步。此後儘管存在眾多不足，但「日向」號的設計在全方位向真正的航母靠攏。日本正是通過這種漸進方式，在技術上穩步積累建造和使用經驗，從政策上逐漸突破和平憲法的制約和民眾及周邊國家的心理底線，為最終實現「航母夢」奠定基礎。

下圖：和美軍聯合演習 (圖片來源：日本海上自衛隊)

海上自衛隊活動擴展到所有國際公海

「九‧一一」事件後不久，借美國對阿富汗動武之機，日該國會於二〇〇一年十月通過了有效期為兩年的《反恐特別措施法》，為日本向海外派兵提供了法律依據。《反恐特別措施法》無限擴大了日本向海外派兵的範圍，將日本自衛隊的活動範圍擴展到所有國際公海、上空和有關國家同意的外國領土。此外，根據這一法律，日本政府在採

取反恐措施時不必經國會批准，而是以召開臨時內閣會議的形式作出決定即可，但須在採取行動後的20天內報告國會。

二〇〇一年十二月，日本政府根據這一法律，首次向海外派遣自衛隊，為在印度洋上活動的多國海軍艦艇提供燃料及後勤保障服務。此舉成為日本戰後防衛政策的重大轉折。

《反恐特別措施法》於二〇〇三年、二〇〇五年和二〇〇六年經日本國會三度延長。自二〇〇一年十二月以來，海上自衛隊共向印度洋派遣了五十九艘次艦艇和約1.1萬人次的自衛隊員。二〇〇八年十二月十二日，日本國會在眾議院二次表決中最終通過了當天遭參議院否決的新反恐特別措施法修正案。根據這一修正案，日本向印度洋派遣自衛隊的期限將被延長一年，即到二〇一〇年一月十五日為止。自衛隊的任務仍是為在印度洋上活動的美國等多國海軍艦艇提供燃料和水。海上自衛隊印度洋派兵的規模不變，但活動範圍已擴展到所有國際公海。

二〇〇九年三月十四日下午，日本海上自衛隊兩艘驅逐艦從廣島縣起航前往索馬裡附近海域，以保護日本相關船舶免受海盜威脅。這是日本首次以「海上警備行動」的名義向海外派遣自衛隊。六月二十四日，第二批護航艦隊由「天霧」和「春雨」號兩艘飛彈驅逐艦組成，由佐世保基地起航，七月十四日抵達了索馬裡海域，而不久的將來，「大隅」級和「日向」級「准航母」戰鬥群也將在全球的熱點海域頻繁現身。

發展方向

· 13500噸級直升機驅逐艦：首艦「日向」號於二〇〇七年八月二十三日舉行命名下水典禮，計畫在二〇〇九年三月成軍服役；另有一艘伊勢號，二〇〇九年十一月下水，二〇一一年服役。其機庫共可容納七架直升機，加上甲板上可停放四架，共計十一架。

· 20000噸級直升機驅逐艦

DDH-22。

‧5000噸級泛用驅逐艦：計畫建造四艘，將取代「朝霧」級。

‧2900噸級潛水艦：首艦於 二○○四年通過預算計畫，二○○五年三月動工，次艦於二○○六年動工，二○○七年亦已提出第三艘預算。為「親潮」級放大版，以增加作戰航程、潛航性能及靜肅性為設計主要考量。

‧500噸級掃雷艦：首艦於二○○四年通過預算動工，二○○八年下水。

‧3000噸級海洋觀測艦：與 5000 噸級通用驅逐艦同時建案，以海洋研究、水文紀錄為主要任務，另擔負情報搜集、通信中繼、特種管制或救難協助等任務。

‧12500噸級破冰船：於二○○四年展開設計，二○○五年通過建造預算，二○○七年開始建造，二○○九年下水。主要支持南極觀測任務，亦可從事潛艦事故救難任務。

「八‧八艦隊」

所謂「八‧八艦隊」，是指海上自衛隊機動艦隊即自衛艦隊，相當於原先的聯合艦隊護衛艦隊水面艦艇的一種配置形式，機動艦隊由護衛艦隊、潛艦艦隊、航空隊和直轄隊組成，是海上自衛隊的一線部隊，約占日本海上自衛隊實力的百分之六十，主要承擔保衛海上交通線，執行中遠海反潛、機動作戰和護航等任務。其主力水面戰鬥艦艇配備於護衛艦隊之下，共分為四個護衛隊群，每個護衛隊群配備一艘作為旗艦的直升機驅逐艦，以及三個護衛隊，其中兩個護衛隊使用通用型驅逐艦、一個護衛隊使用防空驅逐艦，每個護衛隊由兩、三艘驅逐艦組成。一個護衛隊群的軍艦，恰好可以組成一支「八‧八艦隊」，即一艘直升機驅逐艦、二艘防空型驅逐艦和五艘通用型驅逐艦，再配以八架直升機（直升機驅逐艦攜帶三架，通用型驅逐艦每艦一機）。

日本的造艦進程保持著一個較

高的速度，「村雨」/「高波」級驅
逐艦以每年兩艘的速度服役，僅用
了幾年時間，上一代通用型驅逐艦
「朝霧」級和「初雪」級就已經基
本退出了護衛艦隊，日本的海軍傳
統中一貫重視控制一線艦艇艦齡。經
過不斷的更新和調整後，護衛艦隊目
前的艦艇和編製基本情況如下：

護衛艦隊旗艦為「太刀風」級
驅逐艦「太刀風」號（DDG168）。

第一護衛隊群：旗艦為「白
根」級直升機驅逐艦「白根」號
（DDH143）；該護衛隊群還轄有
第一護衛隊：含「村雨」級驅逐艦

上圖：「太刀風」級驅逐艦170艦「澤風」
號 (圖片來源：日本海上自衛隊)

下圖：143艦「白根」級直升機驅逐艦「白
根」號 (圖片來源：日本海上自衛隊)

「村雨」號（DD101）、「春雨」號（DD102）、「雷」（DD107）號；第五護衛隊：含「高波」級（亦可視為改進「村雨」級）驅逐艦「高波」號（DD110）、「大波」號（DD111）；以及第六十一護衛隊：含「旗風」級驅逐艦「旗風」號（DDG171）、「金剛」級驅逐艦「霧島」號（DDG174）。該護衛隊群所有艦隻均配置於橫須賀。

上圖：「村雨」級驅逐艦101艦「村雨」號 (圖片來源：日本海上自衛隊)

下圖：「高波」級通用驅逐艦 111艦「大波」號 (圖片來源：日本海上自衛隊)

第二護衛隊群：旗艦為「白根」級直升機驅逐艦「鞍馬」號（DDH144）；該護衛隊群還轄有第二護衛隊：含「朝霧」級驅逐艦「山霧」號（DD152）、「澤霧」號（DD157）；第六護衛隊：含「村雨」級驅逐艦「夕立」（DD103）、「霧雨」（DD104）、「有明」（DD109）；第六十二護衛隊：含「太刀風」級驅逐艦「澤風」號（DDG170）、「金剛」級驅逐艦「金剛」號（DDG173）。該護衛隊群駐紮於佐世保。

第三護衛隊群：旗艦為「榛名」級直升機驅逐艦「榛名」號（DDH141）；該護衛隊群還轄有第三護衛隊：含「初雪」級驅逐艦「濱雪」號、「朝霧」級驅逐艦「天霧」號（DD154）；第七護衛隊：含「朝霧」級驅逐艦「夕霧」號（DD153）、「濱霧」號（DD155）、「瀨戶霧」號（DD156）；第六十三護衛隊：含「旗風」級驅逐艦「島風」號

下圖：144艦「白根」級直升機驅逐艦「鞍馬」號 (圖片來源：日本海上自衛隊)

上圖：104艦「村雨」級驅逐艦「霧雨」號
(圖片來源：日本海上自衛隊)

下圖：173艦「金剛」級驅逐艦「金剛」號
(圖片來源：日本海上自衛隊)

（DDG172）、「金剛」級驅逐艦「妙高」號（DDG175），該護衛隊群分駐舞鶴（「榛名」號、第三、六十三護衛隊）及大湊（第七護衛隊）兩地。

左圖：175艦「金剛」級驅逐艦「妙高」號 (圖片來源：日本海上自衛隊)

對面上圖：172艦「旗風」級驅逐艦「島風」號 (圖片來源：日本海上自衛隊)

對面下圖：142艦「榛名」級直升機驅逐艦「比睿」號 (圖片來源：日本海上自衛隊)

下圖：141艦「榛名」級直升機驅逐艦「榛名」號 （圖片來源：日本海上自衛隊）

第四護衛隊群：旗艦為「榛名」級直升機驅逐艦「比睿」號（DDH142）；該護衛隊群還轄有第四護衛隊：含「村雨」級驅逐艦「電」號（DD105）、「五月雨」號（DD106）、「曙」號（DD108）；第八護衛隊：含「朝霧」級驅逐艦「朝霧」號（DD151）、「海霧」號（DD158）號；第六十四護衛隊：含「太刀風」級驅逐艦「朝風」號

（DD169）、「金剛」級驅逐艦「鳥海」號（DDG176）。其中「比睿」號、第四、八護衛隊部署在吳，第六十四護衛隊部署在佐世保。

經計算可知，護衛艦隊目前總計擁有「白根」級直升機驅逐艦兩艘，「榛名」級直升機驅逐艦兩艘，「金剛」級驅逐艦四艘，「村雨」級通用驅逐艦九艘，「高波」級通用驅逐艦兩艘，「朝霧」級通用驅逐艦八艘，「初雪」級通用驅逐艦一艘，「旗風」級防空驅逐艦

下圖：108艦「村雨」級驅逐艦 「曙」號
(圖片來源：日本海上自衛隊)

下圖：169艦「太刀風」級驅逐艦「朝風」
號 (圖片來源：日本海上自衛隊)

下圖：176艦「金剛」級驅逐艦「鳥海」號
(圖片來源：日本海上自衛隊)

兩艘,「太刀風」級防空驅逐艦三艘。

按照日本的規劃,「八·八艦隊」中:直升機驅逐艦載三架HSS-2B反潛直升機,擔任艦隊指揮艦並負責反潛,「金剛」級驅逐艦和「旗風」或「太刀風」級防空驅逐艦,主要擔負編隊的防空任務;五艘通用型驅逐艦,各載一架HSS-2B反潛直升機,用於反潛、反艦作戰。此外,還配備一艘8000噸級的遠洋綜合補給船,擔負艦隊的遠洋補給保障。

整個二十世紀九十年代,日本已經實施了「親潮」級和「春潮」級潛艦、「金剛」級、「村雨」級和「高波」級驅逐艦、「阿武隈」級護衛艦、「大隅」級船塢

運輸艦、「浦賀」級掃雷支援艦、「菅島」級沿海掃雷艇以及一批輔助艦艇在內的龐大的發展計劃,下一步即將開始的,便是兩艘改進型「金剛」級驅逐艦(最終可能建造四艘)和兩艘13500噸級直升機驅逐艦,甚至包括遠景的航空母艦計劃等。「高波」級的後續艦繼續建造,以替換護衛艦隊中剩餘的幾艘「初雪」級和「朝霧」級驅逐艦。總之,有事法制的通過,和「八·八艦隊」的不斷發展,可以視為一個問題的兩個方面,某些日本右翼勢力,現在是一邊推進立法變化,為日本走向軍事大國提供法律空間;一方面推進軍隊建設,為這一過程提供實力支持。從現在的情況看,他們在這兩方面都要繼續走下去,並且有可能在其國內保守勢力膨脹的基礎上,加速這一過程。

左圖:172艦「旗風」級驅逐艦「島風」號
(圖片來源:日本海上自衛隊)

「九·十艦隊」

人們所熟悉的日本海上自衛隊的「八·八艦隊」，關於它的提法最早出現於一九〇七年。日本海軍根據當時日俄戰爭經驗，設想由八艘戰列艦和八艘巡洋艦構成日本海上艦艇編隊，赴海上第一線作戰，與當時剛剛崛起的海軍強國美國爭霸。但由於種種原因該設想未能實現，只是到了上世紀八十年代初，日本軍方才又重新提出「八·八艦隊」構想並付諸實施。當然，與崇尚巨艦大炮的時代相比，當初日本海上自衛隊的「八·八艦隊」主要根據反潛護航的作戰使命，突出了反潛作戰兵力的配置，由八艘驅逐艦和八架艦載直升機構成。與此同時，針對「八·八艦隊」所存在能力的不足，尤其是防空力量較薄弱，日本海軍又開始建立「九·十艦隊」。

下圖：日本軍用直升機（圖片來源：日本海上自衛隊)

「九・十艦隊」的由來和編成

日本海上自衛隊的「九・十艦隊」,是以原來的「八・八艦隊」為基礎,再編入新建造的「宙斯盾」防空飛彈驅逐艦和多用途驅逐艦(載有一架直升機)各一艘,由十艘驅逐艦和九架艦載直升機構成的艦艇編隊,並因此而得名。它是各國海軍中最為典型的、以非航母水面艦艇為主的海上艦艇編隊,具有相對固定的編成。依據「八・八艦隊」的編成思想,「九・十艦隊」的基本編成是一艘「白根」級

下圖:「村雨」級垂發系統 (圖片來源:日本海上自衛隊)

驅逐艦,可搭載三架直升機,載有八聯裝「海麻雀」點防禦艦空飛彈一座,裝備了11號和14號數據鏈,擔任編隊指揮艦,並實施反潛作戰;「宙斯盾」防空飛彈驅逐艦以及「旗風」級和「太刀風」級防空飛彈驅逐艦各一艘,主要用於區域防空作戰;「初雪」級和「朝霧」級多用途驅逐艦共六艘,每艘載一架直升機,裝備四聯裝「捕鯨叉」反艦飛彈兩座、八聯裝「海麻雀」點防禦艦空飛彈一座,是編隊反潛、反艦作戰的主要兵力。編隊由於能及時在艦艦、艦機、艦岸之間傳遞實時情報,故已構成了一個作戰整體。同時,艦載直升機將由性能更先進的SH-60J代替了原來的HSS-2B型反潛直升機。該機是以美海軍現役SH-60型直升機為基礎的,由日本自己研製的新一代反潛直升機,除反潛功能外,還具有為反艦飛彈中繼制導等多種功能。

「九・十艦隊」的編成方案,是日本海上自衛隊是為了達成1000海里護航的基本目標,實現「封鎖護航」的戰略,以原蘇聯海軍的潛艦

為主要作戰對象，根據艦艇編隊對潛搜索和攻擊的戰術設想，應用運籌學的解析方法，通過建模計算，得出的較為優化的反潛艦艇編隊編成方案。計算表明：按日本海上自衛隊現役驅逐艦的反潛作戰能力，在同時出動八艘到十艘時，擊沉敵潛艦的概率曲線趨於水平；同時針對核潛艦，反潛直升機以三機編組的形式進行搜索較為可靠，這樣為了連續作業至少需要兩組，那麼若要保證有六架反潛直升機處於正常可用狀態，配備的數量就要有八到

九架。依據最佳費效比使用兵力的原則，如果說「八‧八艦隊」是日本海上自衛隊滿足海上艦艇反潛作戰需求的基本編成，那麼「九‧十艦隊」就是艦艇反潛作戰的最佳編

下圖：日本一艘超大型直升機驅逐艦「伊勢」號和「日向」號直升機驅逐艦的同級艦，艦長197米、寬33米、標準排水量1.395萬噸，其規模超過了一些國家的輕型航空母艦。該艦採用了全船前後貫通式甲板，有能力起降日本陸、海、空自衛隊的所有大型直升機。「伊勢」號下水標誌著其進入武器和作戰裝備的列裝階段。（圖片來源：日本海上自衛隊)

成。

日本「九・十艦隊」作為一個作戰整體,由相控陣雷達和三坐標雷達、電子探測系統及直升機保障遠程警戒,以「標準」Ⅱ型中程防空飛彈作為對空防禦的中堅力量,具有較強的海上反潛、反艦的打擊力量。在有岸基航空兵或是美國航母戰鬥群提供一定的空中保

障的條件下,該編隊反潛護航能力是相當強的,可擔負對一個大型船團(五十艘左右運輸船)的護航任務。所以,日本海上自衛隊計劃建立不少於4支這樣的艦艇編隊。

「十・十艦隊」

日本海上自衛隊已經向「十・十艦隊」發展,即十艘艦隻搭載十架反潛直升機組成一個有機的集群.

新的十・十艦隊,增加的「高波」級通用驅逐艦可以搭載一架反潛直升機,「金剛」級的改進型防空驅逐艦(首艦是「愛宕」號)進

下圖:日本183號艦,全長248米,寬38米,標準排水量1.95萬噸,可搭載14架直升機,人員4000人,可運輸陸上自衛隊3.5噸卡車50台,並具有同時起降5架直升機的能力。該艦可以為其他艦隻進行海上燃料補給。(圖片來源:日本海上自衛隊)

行了類似於「伯克」級的改進，可以搭載一架反潛直升機 無論遠、中、近海都可以獨當一面。

　　未來的海上自衛隊將包括有至少十支以「金剛」級為旗艦的「十·十」艦隊，配製九艘「村雨」級，八艘「朝霧」級驅逐艦，數艘萬噸級兩棲攻擊艦以及其它輔助艦隻。幾乎全部的新型軍艦都廣泛採用隱形技術，先進3D空搜雷達，垂直發射系統以及各式服役和尚在研製

階段的新型艦載飛彈，在「金剛」級」「宙斯盾」驅逐艦的領軍下，每單一「十·十艦隊」的防空與反潛實力將會提升到除美國航母艦群以外世界的領先水平。

下圖：日本「日向」號直升機驅逐艦（圖片來源：日本海上自衛隊)

主要基地

橫須賀位於日本本州島東京灣入口處東岸的橫須賀港，北有橫濱市相連，南和橫須賀市東岸接壤，港內的停泊設施、修船能力、油料和彈藥貯存設備及兵員休整設施等方面的條件得天獨厚，具備了海軍基地所需的各種條件，素有東洋第一軍港之稱。是日本第一大軍港。

佐世保於日本九州島西北岸的佐世保港，屬長崎縣，四周被山環繞，進口航道的西面又有五島列島作為屏障，是一個天然良港。是日本第二大軍港。

吳港位於廣島縣西南部，面向瀨戶內海。二〇〇〇年（平成二十年）升格為特例市。人口約有二十五萬人，同時是保健所政令市。是難得的天然良港，古代即有水軍駐紮於此。明治時代以後，該市成為帝國海軍和海上自衛隊的據點。著名的「大和」號就是在這裡建造，是日本海軍第三大軍港。

下圖：橫須賀海軍基地衛星照片（圖片來源：日本海上自衛隊)

上圖：佐世保海軍基地衛星照片（圖片來源：日本海上自衛隊)　下圖：吳港海軍基地衛星照片（圖片來源：日本海上自衛隊)

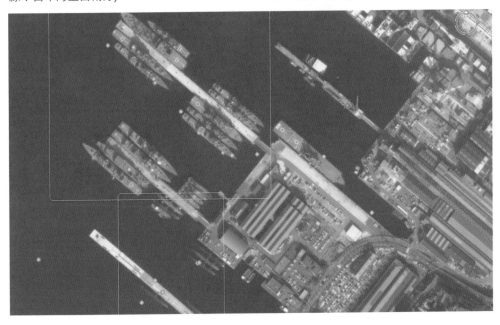

舞鶴面向日本海，不僅在人口規模上是北方第一，其在經濟方面也是北部最重要的城市。舞鶴以市內東部的軍港做為中心，是個靠造船和玻璃工業為基礎所發展而成的城市。舞鶴軍港主要負責日本海的防衛。規模為日本第四的軍港。

大湊位於本州島最北端，北望北海道，冷戰期間是遏制蘇聯海軍太平洋艦隊的前沿據點。冷戰結束後，蘇聯解體，隨著俄羅斯國力削弱，北方威脅減輕，目前大湊基地在日本海軍的地位也降低了，但仍是第五大軍港。

下圖：舞鶴海軍基地衛星照片（圖片來源：日本海上自衛隊)

右圖：日本的海軍五大基地衛星照片（圖片來源：日本海上自衛隊)

日本 "宙斯盾"

舞鶴军港

Chapter 2
中國海軍

概述

中國人民解放軍海軍（People's Liberation Army Navy），簡稱中國海軍、中國人民海軍、人民海軍。

中國人民解放軍海軍是在中國人民解放軍陸軍和中華民國海軍投共艦隊的基礎上組建起來的。成立於一九四九年四月二十三日，一九八九年三月，中華人民共和國中央軍事委員會批准確定一九四九年四月二十三日為「人民海軍成立日」。

一九四九年十一月十一日，為了培養海軍人才，在大連成立了第一海軍學校，即今海軍大連艦艇學院。

一九五〇年四月十四日，中國人民解放軍海軍領導機關在北京成立，蕭勁光任司令員，劉道生任副政委兼政治部主任；同年任命王宏坤為副司令員，羅舜初為參謀長。一九五五年至一九六〇年，相繼組

左圖：中國海軍的052B型飛彈驅逐艦「廣州」號和巴基斯坦的21型飛彈護衛艦「巴德爾」號，遠處還有孟加拉國海軍和美國海軍的艦船，這是由巴基斯坦主辦的一次多國海軍演習。（圖片來源：portico）

上圖：中國人民解放軍海軍軍旗
（圖片來源：互聯網）

建了東海艦隊、南海艦隊和北海艦隊。一九五四年至一九六五年間，水面艦艇部隊、潛艦部隊和中華民國海軍發生海戰十餘次，主要以水面艦艇部隊為主，初期損失較多，隨著海戰經驗的豐富，取得了幾次以弱勢裝備取勝的戰鬥，隨著裝備水平的提高，海戰逐漸減少；海岸砲兵參加了歷次金門砲戰；海軍航空兵在歷次臺海軍事衝突中執行任務。一九五四年五月，海軍參加東山列島戰役，取勝。一九五五年，海軍派出部隊，與陸軍、空軍協同作戰，參加了一江山島戰役，取得勝利。一九六五年，與中華民國海軍進行八六海戰和崇武以東海戰並取得勝利。八六海戰創造了小艇擊沉兩艘驅逐艦的記錄。

一九七四年，南海艦隊在西沙海戰中擊敗南越海軍，控制了西沙群島部分島礁。

一九七八年十一月十八日，公

下圖：儘管目前中國海軍行動的重點是保護其貿易航線，但是它能夠在行動上更進一步。這是美國「無瑕」號海洋監視船在公海海域被中國「漁船」阻撓的畫面。（圖片來源：portico）

布《海軍艦艇命名條例》。

一九八〇年，重建海軍陸戰隊。

一九八五年十一月十六日至一九八六年一月十九日，東海艦隊132「合肥」號飛彈驅逐艦、東運615「豐倉」號綜合補給艦（已改舷號艦名為882「鄱陽湖」號綜合補給艦）組成艦艇編隊出訪巴基斯坦、斯里蘭卡和孟加拉國國，這是中國人民解放軍海軍首次派出對外出訪艦艇編隊。

一九八八年三月十四日，南海艦隊在赤瓜礁海戰中擊敗越南海軍，收復赤瓜礁、華陽礁、永暑礁、東門礁、渚碧礁、南熏礁。

上圖：169「武漢」號是052B型驅逐艦二號艦，於二〇〇二年在上海江南船廠下水，二〇〇四年服役，主要規格和「廣州」艦相同。該型艦全長164米，寬17.2米，長寬比9.5，滿載排水量7500噸以上，是一種防空、反潛、反艦能力均衡的遠洋驅逐艦。

（圖片來源：互聯網）

下圖：中國海軍的鷹擊反艦飛彈。

（圖片來源：互聯網）

一九八九年三月三十一日至一九八九年五月二日，海軍大連艦艇學院81「鄭和」號綜合訓練艦出訪美國，中國海軍艦艇第一次出現在西半球。

二○○一年四月一日，南海艦隊海軍航空兵兩架殲—8II型戰鬥機在南海上空執行監視美國海軍EP—3型偵察機的過程中，81192號戰鬥機遭美機撞擊墜毀，飛行員王偉犧牲，美機被強行迫降在海南陵水機場，這就是中美撞機事件。

二○○三年，為了精簡指揮層次，解放軍海軍撤銷了基地一級指揮機構。撤銷了海軍航空兵部，把海軍航空兵交由軍區空軍統一指揮，但保留了海軍航空兵這個名稱。

二○○八年十二月二十六日，南海艦隊派出艦艇編隊赴亞丁灣打擊索馬里海盜。此為中國海軍首次向海外投送兵力。

二○○九年四月二十三日，中國海軍在青島舉行中國人民解放軍海軍建軍六十週年閱兵式，並邀請

下圖：美軍EP—3偵察機。

（圖片來源：互聯網）

十四國二十一艘軍艦參與閱兵儀式。

　　二〇一一年利比亞內戰爆發，正在亞丁灣執行打擊海盜行動的海軍護航編隊，奉命執行在利比亞的撤僑任務。

　　二〇一一年八月十日，中國海軍首艘航母（蘇聯未完成航母「瓦良格」號續建而成）出海進行航行試驗，主要測試其動力輸出系統。

　　二〇〇九年四月二十三日在青島舉行的紀念人民海軍成立六十週年的海上閱兵式上，中國向世界展示了其潛艦技術，中國的核潛艦第

上圖：中國人民解放軍海軍建軍六十週年閱兵式情景。（圖片來源：互聯網）

下圖：中國海軍航空兵J—8II殲擊機。（圖片來源：互聯網）

一次公開露面。過去一〇年，人民海軍不斷有新設計建造的彈道飛彈核潛艦、攻擊型核潛艦和常規動力潛艦服役，並且有新潛艦還在建造當中。從官方的公開聲明看，中國希望逐步發展部署航空母艦。中國採購的前蘇聯「瓦良格」號航空母艦在大連船廠的干船塢進行重新整修，安裝推進裝置，目前的狀態離服役這個目標近在咫尺。該艦的徑向是中國海上力量不斷擴展背景之下海上戰略的長期目標。在國家遠洋海軍戰略的指導之下，中國已經開始了一項旨在發展「藍水」海軍的現代化計畫，以保護這個國家在遠海的利益。因此，中國海軍已經從一支海岸防禦力量發展成一支攻擊力強、能夠在中國本土海域之外高海況條件下作戰的海軍力量。

中國海軍現在強調反海盜行動，強調要具備保護重要海上交通線的能力，這是一個重要的戰略因素。這與中國出口導向型的經濟中海上貿易起到的基礎性作用有關。

過去二〇年中，中國海軍水面作戰艦的數量已經大大擴展，其作戰潛艦部隊的規模也有一些增加。更重要的是，中國海軍已經能夠讓

下圖：中國航母平臺第十次海試出航。
（圖片來源：互聯網）

一些在二十世紀九〇年代之前建造的老舊艦船逐步退出現役。過去五年，中國海軍實施了一項令人印象深刻的造艦計畫，建造了現代化水平較高的艦船。同時，中國海軍還從外國採購艦艇，如從俄羅斯採購「現代」級飛彈驅逐艦和「基洛」級柴電潛艦，作為國內造艦計畫的補充。這些採購填補了新的國產戰艦服役前的戰力空缺，也由此獲得了中國沒有的先進的海軍技術，如9M38M2（SA—N—12）防空飛彈，53—65KE尾流自導魚雷和「頂板」遠程立體搜索雷達等。

上圖：中國海軍戰艦反艦飛彈發射出箱瞬間。（圖片來源：互聯網）

下圖：過去幾年中，中國已經實施了一項令人印象深刻的造艦計畫，建造了一些現代化艦艇。圖中所示是二〇〇七年九月，052B「旅洋I」級飛彈驅逐艦「廣州」號正駛離樸茨茅斯港。（圖片來源：portico）

使命轉變

二十世紀四〇年代晚期,海軍力量在中國內戰中起到的作用微乎其微。一九四九年中華人民共和國建立之後,中國按照蘇聯模式進行海軍的建設和現代化。一九五四年到一九六〇年,前蘇聯提供給中國多艘作戰艦艇,並派出專家指導中國海軍的組織和訓練。這一時期中國海軍的主要任務是保衛海岸應對國民黨部隊的襲擊,幫助陸軍部隊

下圖:新式飛彈垂直發射系統。
(圖片來源:互聯網)

攻占由臺灣島占領的沿海島嶼。在前蘇聯的幫助下,中國還建立了一個以建造小型和中型艦艇、巡邏艇和潛艦為主的造船工業。

儘管在二十世紀六〇年代到七〇年代,中國國內政治出現混亂,經濟十分困難,中國海軍的規模和數量還是有所增長。在這一時期,中國海軍的主要任務是保衛中國沿海地區,應對由前蘇聯或者美國可能發起的兩棲攻擊行動。中國海軍提出了防禦性的「海上游擊戰戰略」,重點發展大量廉價的快速攻擊飛彈艇和魚雷艇,在傳統的潛艦

和陸基戰術轟炸機的支援下實施作
戰行動。此外,更大的飛彈驅逐艦
和護衛艦在二十世紀七〇年代開始
進入中國海軍服役。

　　從二十世紀八〇年代晚期開
始,中國海軍的任務已經從純粹的
近岸防禦逐步轉向「積極的近海防
禦」,為的是顯示中國作為一個地
區強國的角色,保護國家沿海經濟
和海洋利益。中國推進海軍現代化
進程的一個特別因素是可能與臺灣

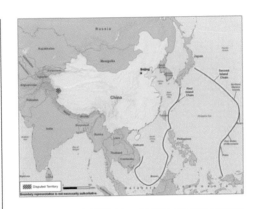

上圖:圍繞中國的第一島鏈和第二島鏈的示
意圖。(圖片來源:互聯網)

下圖:中國海軍168「武漢」號驅逐艦與169
「廣州」號驅逐艦。(圖片來源:互聯網)

發生的衝突。中國海軍正
投入大量資源發展它的
「進入拒止」和封鎖能
力,快速推進水面艦艇部
隊和潛艦部隊的現代化。
中國還擔心南海海域南沙
群島的主權爭議會引發衝
突,發展一了些適用於離
岸力量投送的平臺。

在其出版物中,中國海軍提出
了現代化進程的兩步走戰略。第一
步,海軍計畫發展一支「綠色」海
軍,可以在「第一島鏈」之外海域
活動。所謂「第一島鏈」,是從北

上圖:中國海軍的護衛艦「溫州」號和「馬鞍山」號。(圖片來源:互聯網)

下圖:中國海軍在亞丁灣護航的護衛艦「黃山」號。(圖片來源:互聯網)

方的符拉迪沃斯托克（海參威），經由阿留申群島、日本、沖繩、臺灣島、菲律賓、文萊一直到南方的馬六甲海峽的弧形島鏈。第二步，到二十一世紀中葉，中國海軍將發展成為一支「藍水」海軍，可以在中國大陸架之外的高海況下執行任務，以確保中國貿易航線海上通道以及通過這些區域的資源的安全。最典型的例子是，中國海軍已經派出由兩艘作戰艦和1艘補給艦組成的編隊赴亞丁灣保護中國商船免受索馬里海盜的襲擊。

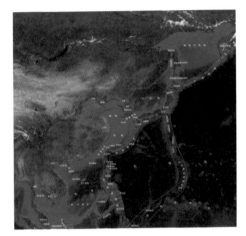

上圖：圍繞中國的第一島鏈和第二島鏈示意圖（圖片來源：互聯網）

下圖：中國海軍正在穩步發展其艦隊補給能力，以支援更遠距離的作戰行動。這是福池級綜合補給艦「微山湖」號。（圖片來源：互聯網）

部隊結構

中國人民解放軍海軍海軍平時實行作戰指揮與建設管理合一的領導體制，由海軍機關、艦隊、試驗基地、院校、裝備研究院等構成。共分為五大兵種：海軍水面艦艇部隊、海軍潛艦部隊、海軍航空兵、海軍岸防部隊和海軍陸戰隊。水面艦艇部隊編有戰鬥艦艇部隊和勤務艦船部隊。

中國人民解放軍海軍下轄三個艦隊，分別是北海艦隊、東海艦隊

下圖：091「漢」級攻擊型核潛艦。這是中國第一代核潛艦，這種潛艦反應堆穩定性差，且噪音大。這種潛艦正在被新一代的093型「商」級攻擊型核潛艦取代。（圖片來源：portico）

和南海艦隊，均為副大軍區級，主官為中將或少將級別。每個艦隊均由水面艦艇部隊、潛艦部隊、海軍航空兵部隊、海軍陸戰隊、海岸防禦部隊以及多種訓練、服務和保障單位組成。中國海軍目前的人員總數約為255000人，其中有26000人為海軍航空兵，10000人為海軍陸戰隊，約27000人為海岸防禦部隊。和中國人民解放軍其他軍種一樣，中國海軍採取的是一種有選擇的服役制度。義務兵服役期為兩年，之後他們可以申請作為士官繼續服役。中國海軍軍官分為五種：軍事軍官、政治軍官、後勤軍官、裝備軍官或者專業技術軍官。中國海軍幾乎所有的軍官都接受過三年的高中教育或者四年的本科教育，許多已經獲得了碩士或者學士學位。中國海軍中，軍官、士官和義務兵的比例約為1：1：1。軍官教育由分布在全國的九所海軍院校來提供。

中國海軍每支艦隊有兩到三個主要基地和一些小型基地。主要的海軍基地括：旅順、青島、葫蘆島、上海、舟山、廣州、湛江、榆

林和西沙。中國國有的造船工業分
為兩大集團：中國船舶工業集團公
司和中國船舶重工集團，它們都
能建造所有類型的海軍船舶。水面
艦艇主要的建造基地位於大連、上
海、蕪湖和廣州。常規潛艦主要建
造基地是在武漢和上海。核動力潛
艦在葫蘆島建造。

北海艦隊

　　受海軍總部和濟南軍區的雙
重領導，北海艦隊司令員兼任濟
南軍區副司令員。負責防衛中

上圖：529「舟山」號飛彈護衛艦，屬於
054A 級的二號艦。（圖片來源：互聯網）

下圖：驅逐艦上的新式近防系統。（圖片來
源：互聯網）

上圖：中國海軍「現代」級飛彈驅逐艦137「杭州」號深海航行。（圖片來源：互聯網）

國黃海和渤海海域，並從海上保衛首都北京。司令部設於山東青島。下轄青島（轄威海、膠南水警區）、旅順（轄大連、營口水警區）和葫蘆島基地（轄秦皇島、天津水警區）。主要作戰兵力有驅逐艦第一支隊、驅逐艦第十支隊、潛艦第十二支隊。

下圖：旅順港。 （圖片來源：互聯網）

旅順

旅順軍港位於渤海出口處，面向黃海，是中國北方最優良的深水不凍港，北海艦隊的大部分驅逐艦、護衛艦部署在該基地。

葫蘆島

位於渤海西北岸，內港由防波堤包圍，出口位於東南側，港內平均水深五至七米，碼頭位於港口西側。防波堤外被稱為外港，水深七至十米。該港每年十二月下旬至次年的三月上旬會有一段結冰期。由於葫蘆島港深處中國最大內海的深處，不僅戰時便於組織防禦，而且平時艦艇行動可以保持隱蔽性，因此，這裡成了中國最早的核潛艦基地，包括為核潛艦提供的最大洞庫基地和訓練基地等。由於渤海相對封閉的地理環境，如果戰略飛彈核潛艦裝備的飛彈射程足夠遠，中國海軍就可以利用渤海作為戰略核潛艦的發射陣地，這可以使戰略核潛艦無須冒大的風險前出外海，也減少了為其護航所耗費的資源。

青島

青島是山東省最大的海港，也是北海艦隊司令部所在地。港區位於膠州灣內，西側稱為外港平均水深二十米以上。東側的內港水深五至十三米。此外，在膠州灣的南端，還有於一九八八年二月完工的遠東地區最大人造軍港，基地總面積達到十平方千米，水域面積四平方千米，有三條防波堤和四個碼頭，總長四点三千米，並有兩個船塢。

北海艦隊共有三個驅護艦支隊，另有一個掃雷艇支隊，一個登陸艦支隊和兩個潛艦支隊。青島港平時駐紮著北海艦隊的大部分大型艦隻，包括112、113等兩艘「旅滬」級驅逐艦。

東海艦隊

受海軍總部和南京軍區的雙重領導，東海艦隊司令員兼任南京軍區副司令員。負責防衛中國東海海域，並和南海艦隊一起負責臺灣海峽方面作戰。司令部設在浙江寧波。原下轄上海基地（轄連雲港、吳淞水警區）、舟山基地（轄定海、溫州水警區）、福建基地（轄寧德、廈門水警區）。上海和舟山群島，是東海艦隊主要的兩處水面艦艇基地該艦隊負責自連雲港南直至福建東山島一線海域的各種行動，下屬有兩個潛艦支隊，兩個驅

下圖：青島軍港　（圖片來源：互聯網）

護艦支隊、一個掃雷艇支隊和一個登陸艦支隊，主要作戰兵力有驅逐艦第三支隊、驅逐艦第六支隊、潛艦第二十二支隊、潛艦第四十二支隊。

上海

是中國最大的海港，軍用碼頭主要位於黃浦江進入長江的吳淞口處，該處經過了多年建設，基礎設施較好，約有五十個泊位。常年停靠著一些驅護艦隻和小型戰鬥艦艇，沿江上溯，可以看到大量的輔助艦艇和登陸艦。再往黃浦江上游，便是著名的滬東造船廠和江南造船廠，前者為中國生產了幾乎一半多的護衛艦和大量的飛彈艇，

後者則是中國驅逐艦和潛艦的主要生產廠家，有很強的技術實力。因此，上海港能夠提供的修船能力，是其他各基地無法比擬的。這應該是上海軍港的優勢之一。但是該港也存在一定問題，主要是黃浦江水道近年來日益擁擠，上海的市區面積也在不斷擴大，軍事設施旁被民用建築包圍，而軍艦則要在完全開放的水域停靠，是有一定風險的。因此雖然這裡有較多的泊位，但卻不宜停靠太多艦艇，尤其是戰鬥艦艇。

舟山

是舟山群島最大的海港區，其中包括定海、沈家門和老塘3個港區。定海港區為東海艦隊主要作戰艦艇的停靠地，不僅有中國國產的「旅大」級驅逐艦和「江湖」級、江衛級護衛

下圖：定海軍港　（圖片來源：互聯網）

艦，從俄羅斯購買的4艘「現代」級驅逐艦也配屬在這裡。定海港區的水域面積為東西長八千米，南北寬四千米左右，平均水深八米。舟山群島還有很多小的島嶼，也都有海軍的錨地或碼頭。平時僅有一些小型艦艇或輔助艦艇停泊，但在戰時可以為主力艦艇提供多個備用而較為隱蔽的停泊點，有利於在對方強大攻勢下保存艦艇實力。此外，根據最新公布的照片，中國從俄羅斯購買的「基洛」級潛艦，就部署在這裡，東海艦隊在福建省沿海也有一些小的基地。

南海艦隊

受海軍總部和廣州軍區雙重領導，南海艦隊司令員兼任廣州軍區副司令員。負責防衛南海海域，特別是南海諸島的安全，並和東海艦隊一起負責臺灣海峽方面作戰。司令部設在廣東湛江。原下轄湛江基地（轄湛江、北海水警區）、廣州基地（轄黃埔、汕頭水警區）、榆

下圖：黃埔軍港 （圖片來源：互聯網）

林基地（轄海口、西沙水警區）。
主要作戰兵力有驅逐艦第二支隊、
驅逐艦第九支隊、潛艦第三十二
支隊、潛艦第五十二支隊和海軍陸
戰隊第一旅、海軍陸戰隊第一六四
旅。兩個海軍陸戰隊旅雖隸屬南海
艦隊，但指揮權在海軍司令部。

廣州

　　是廣東省最大的海港，其中的
軍用碼頭在黃埔港北岸地區的新碼
頭區西側。由於廣州擁有南方最大
的造船廠——廣州造船廠，因此配
屬該基地的艦艇也擁有較好的技術
支持。但是由於最近一些年這裡變

上圖：湛江軍港內的170艦（圖片來源：互
聯網）

得日益繁華起來，水道較為複雜擁
擠，基地擴展空間有限。

湛江

　　是廣東省第二大港，也是南海
艦隊司令部所在地，港內平均水深
達到十米。八〇年代以後，由於南
海諸島的主權問題日益顯露，湛江
港自一九八三年起進行了大規模擴
建工程，直到現在仍在持續。南海
艦隊的水面艦艇部隊主要包括兩個
驅護艦支隊、一個掃雷艇支隊和一
個登陸艦支隊，其中主力水面艦隻

大都布置於此。

三亞

是中國最南端的優良海港，也是支持南海諸島的前哨基地，港內平均水深十至二十五米，其廣闊的面積和優良的水深，可能是未來中國海軍航母編隊最理想的基地之一。

根據公開的資料，三亞軍港目前基本上是供潛艦使用，南海艦隊擁有兩個潛艦支隊。由於三亞附近有天然的優良港灣，這一帶還分散部署有部分小型艦艇和輔助艦艇，甚至在中國知名的旅遊勝地亞龍灣，也可以偶爾看到飛彈艇，驅逐艦和補給艦停靠和出沒。

廣州、湛江、三亞等基地，均屬於中國海軍南海艦隊，該艦隊不僅負責自東山島至中越邊境海岸的防禦，還負責西沙和南沙地區的守衛任務。該艦隊其他的基地尚有汕頭、海口、北海等地。

下圖：091「漢」級攻擊型核潛艦。（圖片來源：互聯網）

上圖：日本宙斯盾戰艦的彈道飛彈標準Ⅲ型。（圖片來源：portico）

Chapter 3
大型水面戰艦

「日向」級准航空母艦

概貌

「日向」級直升機航空母艦（JMSDF DDH HYUGA class）是日本新型直升機航空母艦，採用全通飛行甲板設計，為服役時日本海上自衛隊最大水面作戰艦艇。其排水量甚至超過了意大利「加裡波第」號、西班牙「阿斯圖裡亞斯親王」號和泰國「差克裡・納呂貝克」號輕型航空母艦。

按照計劃，「日向」級服役後將取代現役的「榛名」級直升機驅逐艦。

「日向」級採用是全通式甲板設計，可以起降直升機或固定翼垂直起降飛機，具有了一定輕型航空母艦特徵。然而，暫時並沒有滑躍式甲板或彈射裝置以起降普通固定翼飛機。

上圖：181號「日向」直升機航空母艦。
（圖片來源：日本海上自衛隊）

「日向」級雖然定位為直升機航空母艦，但也具有作為海上自衛隊旗艦的指揮能力。在將來日本自衛隊的國內外派遣任務（國際維和、人道救災、撤僑、離島奪回等）中，「日向」級將能成為跨軍種的聯合指揮平台，並滿足屆時大批直升機頻繁起降調度的需求只要後勤補保、人員借調做好並增設適當裝備，「日向」級也可供其陸上自衛隊的直升機起降調度，這使日

下圖：「日向」號直升機航母。（圖片來源：日本海上自衛隊）

本海自在這類任務的地位從現行的運輸者與火力支持者，一躍成為整個聯合行動的中樞。

服役情況

該級艦共建造兩艘，均由石川島播磨重工業株式會社橫濱造船廠承造。首艦（DDH-181）於二〇〇六年五月十一日開工，二〇〇九年三月十八日服役，命名為「日向」號，造價472億日圓。該艦替代二〇〇九年初除役的「榛名」號，

成為第三護衛隊群的旗艦；二號艦
（DDH-182）的進度約晚兩年，於二
〇一一年三月在吳市服役，命名為
「伊勢」號。兩艦將分別取代兩艘
「榛名」級直升機驅逐艦。同時，
「日向」號是日本海上自衛隊成立
以來第一次恢復古國名的命名規
則。

總體性能

「日向」級的作戰系統相當
先進並且高度整合化，並且擁有優

上圖：「日向」號直升機航母的桅桿。（圖
片來源：日本海上自衛隊）

下圖：「日向」號直升機航母。（圖片來
源：日本海上自衛隊）

秀的信息傳輸能力以符合未來各軍種、載具之間「聯網作戰」的趨勢。動力系統方面，「日向」級將採用由四台LM-2500燃氣渦輪組成的COGAG形式，採用雙軸推進，極速是達傳統起降航艦水平的三十節，航速二十節時續航力達6000海浬。艦體兩側各有一條穩定鰭片與兩個穩定翼面，穩定翼分別位於鰭片前、後方。由於艦上各系統高度

下圖：「日向」號直升機航母。（圖片來源：日本海上自衛隊）

自動化，「日向」級雖然滿載排水量高達19000噸，幾乎是「白根」級的兩倍半，但是艦上僅編製347名人員，而噸位只有「日向」級一半的「白根」級卻需要370人之多。「日向」級的艦體總共分為七層甲板，艦體前段設有下甲板機庫，挑高佔兩層甲板；機庫後方是航空機維修甲板，挑高占三層甲板；前段與後段艦體中軸在線，各有一具直升機升降機。飛行甲板下方的第二甲板是綜合功能區，設置了船艦戰情控

本圖：「日向」號直升機航母的「密集陣」
近防炮。（圖片來源：日本海上自衛隊）

制中心、軍官生活起居空間與醫療設施,此外還可容納艦隊司令部的人員,並設置艦隊作戰中心。

載機能力

艦載機方面,「日向」級標準配置的官方數字依舊為三架反潛直升機 加上一架大型掃雷/運輸直升機,不過近年防衛廳已經不再遮遮掩掩,公開「承認」「日向」級

下圖:日本SH-60J反潛直升機。SH-60是美國西科斯基公司生產的UH-60「黑鷹」直升機的海軍型號,SH-60J是從海軍型發展出來的反潛型。在日本護衛艦隊中,SH-60J是日本戰艦偵察潛艦的「中堅力量」。它的任務是保護戰艦編隊所在海域,也就是保護某個範圍的海上交通線。它主要用於搜索各艦載探測系統作用距離以外的潛艦。它速度快、機動性強、搜索效率高、範圍廣,彌補了日本驅逐艦探潛能力的不足。再者,它的機載吊放聲呐、磁探儀、搜索雷達也增強了日本護衛艦隊的機動偵察能力。

最多可搭載十一架自衛隊的各型直升機 ，而且全部均能收容於長達一百二十五米的下甲板機庫；至於飛行甲板則有四個起降點，能同時操作4架直升機。

「日向」級的主力機種將是SH-60K反潛直升機，系由海自原有的SH-60J大幅改良而成，主要改進包括機體延長、換裝新的四葉片複

下圖：45型驅逐艦能夠容納一架AW-101「灰背隼」或兩架「山貓」直升機。圖為「勇敢」號飛行甲板上的一架「灰背隼」直升機。

合材料螺旋槳、新型主/被動吊放式聲納、新的戰術數據處理與顯示系統、包括電子支持裝置與誘餌投射器的整合式機載電子戰自衛系統、FLIR、高分辨率的逆合成孔徑雷達等新裝備，武裝包括新式的97式魚雷、反潛炸彈、輕型反艦飛彈等，能執行反潛或反水面任務。

掃雷/運輸直升機則是日本在二〇〇〇年代向英國、意大利採購、並授權日本川崎重工組裝的MCH-101，系合該公司EH-101重型直

升機的掃雷衍生型（有配備機尾跳板艙門），取代日本海自現役的MH-53E掃雷直升機以及S-61運輸直升機隊，作為空中掃雷、運輸以及南極作業之用。

由於「日向」級的甲板強度容許超過三十噸的MH-53E直升機起降，理論上「日向」級要操作同為三十噸級的美制MV-22傾斜旋翼機 或二十噸級的F-35B聯合戰術打擊機也不成問題。因此，「日向」級本身配置的直升機或許不多，但必要時可容納護衛群中其它通用驅逐艦的艦載直升機，將大大增加艦隊的運作彈性。值得注意的是，「日向」級的飛行甲板尺寸（長一百九十五，寬四十米）超過英國「無敵」級、意大利「加裡波底」號、西班牙「阿斯圖裡亞斯親王」號等歐洲輕型航空母艦。

關於「日向」級是否有操作垂直起降戰機的潛力，日本防衛廳曾宣稱此種艦艇是純粹的直升機母艦，甲板不能承受垂直起降飛機的噴流，也沒有滑跳甲板，嵌在艦體中線的升降機限制了可運用的機體尺寸，不利於操作更大型的固定翼戰機；不過「日向」級真實的設計就只有當事人才知道了。就艦體尺寸與甲板強度而言，「日向」級的確有搭載此類機種的潛力，就取決於飛行甲板是否經過對發動機熱焰的強化，以及艦上是否能容納配套的後勤支持設施，以及是否有足夠的彈藥、料件、燃油儲存空間；日本已經決定大規模採購F-35戰機。「日向」級可以容納整支所屬護衛群的所有反潛直升機，統一進行保修與調度作業，使護衛群的遠洋持續作業能力和效率大增，這是過去「榛名」級、「白根」級直升機驅逐艦所達不到的能力。

通信指揮

由於身為具有艦隊旗艦功能的DDH「日向」級將配備最先進的戰情處理系統與指管通情電監偵(C4ISR)裝備。「日向」級的作戰中樞為日本新近開發的先進技術戰鬥系統(Advance Technology Combat System，ATECS)，大量採用現有商用組件技術以降低成本並方便升

本圖：「日向」號直升機航母。（圖片來
源：日本海上自衛隊）

級。ATECS包含先進戰鬥指揮系統(Advanced Combat Direction System，ACDS)、FCS-3改、反潛情報處理系統(Anti Submarine Warfare Computing System，ASWCS)、電子戰管制系統(Electronic Warfare Control System，EWCS)等四個主要部分，以ACDS為核心，連結其它三個部分以及艦上各種雷達、射控、電子戰系統以及武裝，進行防空、反水面、反潛以及電子作戰；而前述ATECS的四個主要部分之間以光相網絡連結，再經由採用民間TCP/IP網絡協議的艦內廣域網絡(Ship Wide Area Network，SWAN)連接艦上其它偵測、武裝等次系統。ASWCS整合了各型艦載聲納，並提供數據給各項反潛武器以及魚雷反制系統。此外，「日向」級將配備先進的衛星通訊與數據鏈網絡系統，以實現與美軍相同的三軍聯合作戰能力，此外也可能具備美國海軍近年來研發的聯合接戰能力(CEC)。

下圖：「日向」號直升機航母的密集陣。（圖片來源：日本海上自衛隊）

武器裝備

防空方面，「日向」級的主要對空偵測/射控裝備為日本三菱電子精心研發的FCS-3主動式相位數組雷達，負責對空搜索/追蹤以及艦上海麻雀ESSM短程防空飛彈的照射導控。

「日向」級的艦艉配置兩組八聯裝MK-41垂直發射裝置，其中四管用於裝填裝填十六發四枚一管的ESSM短程防空飛彈，其餘則填入

下圖：「日向」號直升機航母的甲板。（圖片來源：日本海上自衛隊）

十二枚VLA垂直發射反潛火箭；而在垂直發射器的左邊，還裝有一組獨立的再裝填裝置。除了硬殺手段外，「日向」級還配備Type-1電子戰系統，包括四具MK-36 SRBOC六聯裝干擾彈發射器，安裝在兩舷各一的延伸平台上，每個平台各裝二具；此外，艦上還設有曳航具四型魚雷反制系統。

反潛方面，「日向」級的艦首設有日本新開發的OQS-21大型低頻聲納，該聲納由正面圓柱狀數組與側面平面數組所組成，整個音鼓長

度高達四十米，聽音距離與淺水域操作能力勝過現役的聲納系統。與FCS-3一樣，OQS-21同樣也已在飛鳥號試驗艦上測試多年了。由於任務性質使然，「日向」級並未配備拖曳數組聲納系統。除了以反潛直升機投擲武器外，「日向」級本身也配備了兩組三聯裝HOS-303魚雷發射器（安裝於艦體後段兩側的艙門內），除了MK-46Mod5魚雷外，還可發射日本自製的新型97式反潛魚雷。最初「日向」級預定配備自行開發的「日本版VLA」，其戰鬥部換為97式魚雷，有效射程較搭載MK-46

魚雷的美國原裝VLA的十千米大幅增至十八千米；不過爾後為了節省成本，日本版VLA遂遭到取消，還是採用美國原裝的VLA。此外，艦上SH-60K直升機也以97式魚雷做為武裝。

為了遂行近接防禦，「日向」級還設有四挺十二點七口徑毫米機槍，左右舷各裝兩挺，其中位於右舷的兩挺分別安裝於艦島前、後方的甲板上，左側的兩挺則分別設置於左舷前、後段各一的延伸平台上。

「日向」號技術數據	
標準排水量：13950噸	武備：
滿載排水量：18000噸	Mk15 Block 1B 近程防禦系統 *2
主尺度：197米*33米*48米	HOS-303 3聯裝魚雷發射管 *2
吃水：7米	12.7毫米高射機槍 若干
飛行甲板：195m*40米	八聯裝MK-41海麻雀點防禦飛彈發射器*2
動力：4台LM-2500燃氣渦輪組成的COGAG形式，採用雙軸推進	艦載機：
速力：30節以上	SH-60K反潛直升機 3架
續航力：6000海里/20節（預估）	MCH-101掃雷/運輸直升機 1架
成員：約322名	機庫可容納11架直升機

「榛名」級、「白根」級、「日向」級性能比較表

	「榛名」級	「白根」級	「日向」級
標準排水量	4950噸	5200噸	13950噸
滿載排水量	6850噸	6800噸	18000噸
主要武備	2座127毫米/54自動火炮2座「密集陣」20毫米火炮 2座三聯反潛魚雷發射管 1座八聯裝「海麻雀」飛彈發射裝置 1座八聯裝「阿斯洛克」反潛飛彈發射裝置	同「榛名」級	MK41垂直發射系統 2座三聯裝魚雷發射管 12.7毫米機槍若干
機庫容量	3	3	11
平時搭載量	3	3	3
直升機同時著艦能力	單機	單機	3架
航速	31節	32節	30節以上

下圖：「日向」號直升機航母的雷達外觀。（圖片來源：日本海上自衛隊）

關於日本建造航母的合法性

日本《和平憲法》第九條及相關國際條約的明文規定：日本的軍事實力只能維持在自衛所需的水平，總兵力不得超過十萬人，軍艦數量不得超過三十艘，總排水量不得超過十萬噸，不能擁有航母及核動力潛艦，作戰飛機數量不得超過五百架，不得擁有遠程轟炸機，不得發展彈道飛彈技術。

下圖：「日向」號直升機航母。（圖片來源：日本海上自衛隊）

命名原則

按照日本海軍艦艇命名傳統，「日向」這個名字來自日本古國名。該艦長一百九十五米，型寬三十二米，標準排水量13500噸，滿載排水量18000噸，編製322人。這是日本自二戰結束以來建造噸位最大的軍用艦艇。在動力方面，該艦採用了美日大型艦艇慣用的全燃動力配置，共裝四台美國通用公司LM2500燃氣輪機。這種燃氣輪機普遍裝備在美國「提康德羅加」級、

「伯克」級等大型艦艇上，日本海自的「金剛」級、「愛宕」級等艦也採用了這一型號的燃氣輪機作為動力，應該來說這是目前世界上性能最穩定、應用最廣泛的艦用燃氣輪機。按照慣例，這四台燃氣輪機採用「2—2」聯動的方式安裝，在低速巡航時，每台機組驅動兩個螺旋槳中的一個進行航行；當需要高速行駛時，四台機組全部開動，每兩台機組驅動一個螺旋槳；在全速前進時，「日向」號的航速可以達到三十節。

作戰能力

在日本海自的作戰序列裡，「日向」號最現實的任務是取代已經老舊的「榛名」級和「白根」級直升機驅逐艦，成為新的反潛直升機搭載母艦。日本海上自衛隊一向重視海上反潛作戰，反潛直升機則是反潛戰的利器。雖然日本絕大

下圖：日本「日向」號戰艦與美軍CVN-73航母伴航。（圖片來源：日本海上自衛隊）

多數在役驅逐艦都有搭載反潛直升機的能力，但是其依然致力於發展專門的反潛直升機搭載艦。在上世紀七〇年代，日本建造了兩艘「榛名」級和兩艘「白根」級直升機驅逐艦，作為艦隊直升機反潛的核心力量。隨著「榛名」、「白根」兩級的淘汰，新的直升機反潛核心艦角色自然落到了「日向」號上。在該艦設計之初，日本方面聲稱「日

下圖：日本「日向」號戰艦與美軍CVN-73航母伴航。（圖片來源：日本海上自衛隊）

向」號在日常情況下可以搭載兩架SH一60K反潛直升機和一架MCH101大型掃雷/運輸直升機(歐洲EH101直升機的日本特許生產型)。但是從「日向」號寬大的艦體和全通甲板就可以看出，該艦的實際搭載能力遠遠不止這些。隨著該艦的下水，日本方面漸漸不再遮遮掩掩，「坦然」宣佈「日向」號可以搭載十一架各種型號的直升機。這樣一來，其反潛作戰時覆蓋的範圍將大大超過「榛名」和「白根」。另外，強

大的直升機搭載能力使得「日向」號不僅可執行反潛、掃雷等任務，還有條件承擔對陸攻擊和對岸垂直兵力投送的任務。

「日向」號最能體現其技術先進性的地方，則是位於艦橋上的四組FCS一3主動相控陣雷達天線。這種雷達是日本三菱電子於上世紀八〇年代中期開始開發的，陸上測試型號(採用單面旋轉天線)於一九八八年起開始測試，一九九〇年開始艦載型號的開發，並正式確定採用四面固定陣列天線佈置。一九九三年，艦載型號開始安裝在「飛鳥」號試驗艦上進行測試。值得一提的是，FCS一3還是世界上第一種裝艦的主動相控陣雷達。FCS一3的每面八邊形天線尺寸為1.6米×1.6米，裝有1600個砷化鎵半導體主動收/發單元，工作波段為C波段。該雷達相比

下圖：二〇〇九年三月十八日，「日向」號直升機驅逐艦服役。該艦是一艘直通甲板型直升機母艦，將作為日本護衛艦隊的一艘指揮艦。（圖片來源：portico）

美國海軍的SPY—1「宙斯盾」系列被動相控陣雷達，雖然探測距離更近，但是探測小目標的精度更高，作為近程防空雷達是非常優秀的。最初，日本打算給FCS—3雷達配備的防空飛彈是其自行研製的AHRIM主動制導艦載防空飛彈，為AAM—4主動雷達制導中程空空飛彈的艦載型號。但是因為預算和技術問題，AHRIM飛彈還無法馬上服役投入使用。為了能及時形成戰鬥力，日本只好採用美國「海麻雀」近程防空飛彈，所有十六發飛彈全部裝在艦艉的兩組八單元MK41垂直發射系統內。由於「海麻雀」採用慣性制導+末段半主動雷達制導體制，需要在飛彈彈道末段為其提供雷達照射信號，為此日本在FCS—3天線右下方加裝了一塊約0.5米×0.5米的小型天線專門為其提供末段雷達照射源。這塊小天線其實就是直接取材於F—2戰機的相控陣雷達天線，工作波段在x波段。這種加裝了主動照射雷達的FCS—3雷達被稱為FCS—3改，也就是「日向」號現在裝備的雷達。FCS—3改可以同時追蹤、鎖定多個目標並引導「海麻雀」飛彈抵抗敵飽和攻擊。在「飛鳥」號試驗艦上測試的時候，FCS—3改雷達有過非常出色的表現——當時使用的靶標是由127毫米艦炮炮彈改裝而來的，「飛鳥」號的FCS—3改雷達在電子干擾環境下準確探測到靶標、無一漏網，可見這種雷達性能之優異。除了FCS—3改雷達和配套的「海麻雀」防空飛彈，「日向」號的防空武器還有兩座「密集陣」近防系統，可對漏網的反艦飛彈進行最後攔截。

在反潛方面，「日向」號艦首裝有OQS—21大型艦殼低頻聲吶。該聲吶由正面的圓柱狀陣列和側面的平面陣列組成，水聲探測能力非常出色。不過，「日向」號並沒有配備拖曳聲吶設備。在反潛武器方面，除了搭載的直升機，「日向」號還裝備了兩座HOS—303型324毫米三聯裝反潛魚雷發射器，可以發射MK—46mod5反潛魚雷和日本國產97式反潛魚雷。另外，在艦艉的兩座八單元MK41垂直發射系統裡，除了前面提過的十六發「海麻雀」防

空飛彈外，還裝有十二枚「阿斯洛克」反潛飛彈。

作為擁有艦隊指揮功能的大型戰艦，「日向」號配備了完善的綜合指揮系統(CI4SR)，其選用的是日本新近開發的「先進技術戰鬥系統」(Advance TechnologvCombat System，ATECS)。該系統大量採用商用組件技術以降低成本並且方面升級，主要包含先進戰鬥指揮系統、FCS—3改相控陣雷達、反潛情報處理系統和電子戰管制系統四個部分組成。四個組成部分以及下轄的各種武器裝備可以統一在一起同時進行防空、反潛和Fgy-戰等作戰任務。除了內部系統之間通過光纜和網絡數據線連接外，ATECS還可以通過通用的數據鏈借助衛星等設備和美國海軍做到信息共享、協同作戰。

下圖：「日向」號直升機航母。（片源：日本海上自）

中國海軍「遼寧」號航空母艦

「遼寧」號航空母艦是中國人民解放軍海軍的第一艘可搭載固定翼飛機的航空母艦。「遼寧」號航空母艦原為蘇聯海軍的「庫茲涅佐夫元帥」級航空母艦。由於蘇聯解體，其後期的建造工程被迫中斷，並且被劃歸為烏克蘭所擁有。一九九〇年代一家中國私人公司將此艦從烏克蘭以商業用途為由購買後，拖回國內並由軍方加以改裝。解放軍的目標是對這艘廢舊航母平臺進行改造，以將其用於科研實驗和訓練。

命名

自「瓦良格」號航空母艦運至中國後，關於其的命名便眾說紛紜。西

下圖：「遼寧」號航母。（圖片來源：互聯網）

方媒體往往稱其為「施琅號」（施琅為中國古代明朝末年清朝初年時期的軍事家，幫助清朝攻佔臺灣）但是這一說法隨後遭到了官方的否認。

建造背景

「瓦良格」號原屬於前蘇聯「庫茲涅佐夫元帥」級航空母艦。一九八二年五月七日，蘇聯決定按1143.5設計方案建造第三代航母，「訂單105」的第一艘航母「庫茲涅佐夫」號在一九八二年開工，次年，蘇聯再次決議生產「訂單106」的第二艘航母。兩艘航母都是分配給烏克蘭聯盟共和國的尼古拉耶夫黑海造船廠承建。黑海造船廠之所以有利於航母生產，在於其擁有芬蘭科尼公司生產的兩部具有900噸起重能力的天車，以及面積1.8萬平方米，具備4萬噸承重能力的造船平臺，以及過往製作航母的經驗。一九八五年十二月四日，名為「裡加」的「訂單106」移動至造船臺，一九八八年十一月二十五日下水。一九九〇年七月，「訂單106」被正式命名為「瓦良格」號，以紀念

下圖：「遼寧」號航母。（圖片來源：互聯網）

日俄戰爭中沉沒的「瓦良格」號巡洋艦。至一九九一年十一月「瓦良格」的完成度已達百分之六十八。此時蘇聯解體,正在工程中的「瓦良格」號由於仍在烏克蘭國內,只能停靠在廠區外的南布格河口。一九九三年,俄羅斯總理切爾諾梅爾金、俄羅斯海軍總司令格羅莫夫和烏克蘭總理庫奇馬來到黑海造船廠,討論完成「瓦良格」的可能性。烏克蘭要求俄羅斯支付整艘航空母艦的造價,俄羅斯則堅持支付當初蘇聯政府未付的百分之三十貨款,討論中斷。一九九五年,「瓦良格號」正式退出俄羅斯海軍編制,作為償還債務的替代品交給烏克蘭,時任烏克蘭總統的庫奇馬決定將「瓦良格」交給黑海造船廠處置。

中國購入

早在一九七〇年代,中國軍方部分人士均有自行生產航空母艦的打算。一九八五年三月,廣州造船

下圖和對面圖:二〇〇八年俄羅斯海軍唯一的航空母艦「庫茲涅佐夫海軍元帥」號。(圖片來源:portico)

本圖：「遼寧」號航母。（圖片來源：portico）

本圖：二〇〇八年俄羅斯海軍唯一的航空母艦「庫茲涅佐夫海軍元帥」號。 （圖片來源：portico）

廠拆解報廢的澳大利亞海軍墨爾本號，中國軍方曾派員參觀，是次拆解給中國海軍研究人員留下深刻印象。而當時中國主管軍事的領導人劉華清提出「近海防禦」的海軍戰略，並認為航母是戰略中的一環。但限於國力，當時的中國根本無力生產或保有航母。進入一九九〇年代中期，生產航母的言論因實際無力負擔的情況而冷卻。

一九九七年，簡氏雜誌的報導《「瓦良格」號即將解體》後，未建造完成的「瓦良格」號再度引起世人關注。當年的工程並非是解體艦隻，而是將艦上所有的機電設備拆除。工程完成後，烏克蘭公佈希望以2000萬美金的價錢，招攬為此艘艦隻解體的公司。中國軍方對此很感興趣，當時烏克蘭政府預計解體該艦需2.5億美元，廢鋼卻只值500萬美元。烏克蘭為此曾接觸包括中國的多個國家，中國軍方亦派出代表團前往瞭解。一家法國公司曾打算將「瓦良格」號改造成海上航母酒店，但因船艙太低而作罷。還有一家英國公司打算將航母改造成海上監獄。當時中國軍方內部分為兩派，一派支持買個半成品回來改

下圖：「遼寧」號航母。（圖片來源：互聯網）

造，另一派支持自行研發航母。

　　經計算，需要700億元人民幣方能使航母完工，軍方高層決定放棄購買此航母。（一說為兩國私下祕密訂立買賣協議）此時，總參謀部退役軍人，香港創律集團有限公司主席徐增平通過某方面渠道瞭解到此事，提出以公司名義購買航母的構想。他以自己的名義註冊了一家名為「澳門創律旅遊娛樂公司」的澳門公司，並以購買船隻用作賭

上圖：「遼寧」號航母。（圖片來源：互聯網）

下圖：「遼寧」號航母。（圖片來源：互聯網）

船之用為由,前往商討購買事宜。有數據顯示,當年大舉投資實業的華夏證券曾投入5.8億元購買「瓦良格」號,其有可能為徐增平的資金來源。

烏克蘭方面提出,購買航母需同時購買一些設備(大型艦用DA80主機及生產線、潛艦殼體焊接用FR—2自動焊接機器人、蘇—27用AA—11空空飛彈、AL—31F發動機配件、 SS—20飛彈發動機等),航母本體初步定價在1800萬美元。但中方提出需要同時購買航母的設計圖紙用於改造時,烏克蘭將價格提高到2000萬美元。雙方初步同意後,中方等候批覆,烏克蘭方面卻突然稱因受到外界壓力影響,提出需要通過拍賣會拍賣。經過公開競標,中方正式以2000萬美元投得航母,並同時獲得30多萬張,近二十噸重的設計圖紙。烏克蘭方面的船廠人員及警

下圖和對面圖:「遼寧」號航母。(圖片來源:互聯網)

衛在圖紙交接完畢後，敬禮送別，不少人為之流淚。

運送至中國

交易達成後，瓦良格號的設計圖紙由專機運往中國，航母本身則於一九九九年被拖往中國。「瓦格良」號船身的名字旁，標有英文「聖文」單詞，代表該船的新註冊地聖文森特島和格林納丁斯群島的首府。按原定計畫，船將會經過黑海、博斯普魯斯海峽、地中海和達達內爾海峽。這時，土耳其以無動力大型艦隻的拖運若發生意外，有可能阻塞博斯普魯斯海峽或達達內爾海峽為理由，拖延發放航行許可。中方為此與其展開長達一年半時間的談判。談判中，土耳其認為即使中方能遵守其約定的二十條海上防範措施，對海峽內的船隻威脅只能降低百分之六十至百分之七十。為此土耳其方面需要在航母通過期間，禁止船隻通過，使用七艘拖船和消防救生船維持秩序，另要求所有船隻安裝由土耳其提供的通信設備，通過時打開船上所有照明設備。對於其通過時的所有風

上圖：中國「遼寧」號航母試航歸來 （圖片來源：互聯網）

險，運輸方全部承擔，並需支付十億保證金。最終雙方達成協議，航母得以允許通過。

二○○一年十一月一日，「瓦良格」號航母通過博斯普魯斯海峽和達達內爾海峽。在穿越博斯普魯斯海峽大橋時，共有十六名領航員和兩百五十名水手參與運輸工作。十一月三日航母進入愛琴海後，遇上了風暴，三艘拖船的拖纜相繼刮斷，航母失控。航母上三名俄羅斯籍水手、三名烏克蘭籍水手和一名菲律賓籍水手盡力挽救仍無法阻止航母失控，最終航母在希臘優卑亞島擱淺，希臘海事救護直升機救走

上圖：中國「遼寧」號航母試航歸來　（圖片來源：互聯網）

上圖：中國「遼寧」號航母試航歸來　（圖片來源：互聯網）

水手。十一月六日，拖船哈里瓦冠軍號（Haliva Champion）的水手阿力士·利馬在試圖固定拖纜時殉職。十一月七日，運送公司用三艘拖船和一艘希臘船隻再次控制住航母。

航母從地中海穿過直布羅陀海峽進入大西洋，再從西岸環繞非洲大陸。二〇〇一年十二月十一日，航母駛過好望角後橫穿印度洋。二〇〇二年二月五日，航母駛入馬六甲海峽，隨後進入中國的南海區域。二〇〇二年三月四日抵達大連港。整個航程達15200海里，花費3000萬美元。

二〇〇二年三月四日「瓦良格」號停靠在大連港後，並未如早前所宣稱般改作為賭場用途，而是將其放置在海港上一年而未有任何動作，甚至任由民眾靠近參觀。有數據顯示，徐增平通過關係找到已經退休在家的海軍中將張序三，表示只要軍方想要，願意原價賣給海軍。由張序三牽線與負責艦船研究的船舶第七研究院聯繫，最終將航母交予中國軍方。

下圖：「遼寧」號航母艦島。（圖片來源：互聯網）

本圖：第279獨立艦載戰鬥機團的蘇—33「側衛—D」，機翼與全動式水平尾翼合起。這張照片拍攝於二○○八年一月。（圖片來源：portico）

上兩圖和右下圖：在第十次試航結束後，航母很快就刷上了弦號16，原「瓦良格」號航母已通過船廠海試，基本符合改裝要求，於二〇一二年十月前正式編入海軍序列，繼續進行科研和訓練。（圖片來源：互聯網）

上圖:「庫茲涅佐夫」號航空母艦的滑躍式跑道上有兩個起飛軌道,第三個軌道在降落平臺
上。 (圖片來源:portico)

上圖和下圖：「遼寧」號航母 。（圖片來源：互聯網）

二○○三年，航母周邊的保安工作開始加強。二○○五年四月二十六日，大連港輪駁公司的六艘大馬力拖輪把「瓦良格」號拖進了大連造船廠的乾船塢，八月初，瓦良格以標準的中國人民解放軍海軍的灰色塗裝再次下水。然後中國又花費了約一年多的時間，將船上的部分設施拆除。但直至二○○八年七月，仍未有更多的改造工作進行。

二○○八年末，中國戰略評論家張召忠少將公開稱指「瓦良格」號將會是中國的第一艘航空母艦。這番言論使到「瓦良格」號再次成為世界軍事論壇上的焦點。與此同時，「瓦良格」的改造工程重啟，艦首部分和遠程反艦飛彈垂直發射系統被拆除，並開始加裝新的武器設施。與此同時，航母工作人員的訓練工作展開。位於武漢中國艦船設

下圖：俄羅斯的「庫茲涅佐夫」號航空母艦的飛行甲板。一架卡—27PS正處於待命狀態，它起飛後艦上固定翼飛機也會隨之起飛。（圖片來源：portico）

計研究中心新區的形似瓦良格艦橋和甲板的建築建成，並被用作模擬訓練。該建築物尺寸和「瓦良格」號航母十分相似，擁有和「瓦良格」號類似的滑躍式飛行甲板和艦橋。建築頂部還停放有飛機模型。

二〇〇九年五月，「瓦良格」號艦首的蘇聯海軍的航空兵徽章被拆除，船身的俄文艦名被剷去；八月二十一日艦島改造開始。經過了幾個月的改造，二〇一〇年三月十九日，「瓦良格」號進入舾裝改造碼頭，進行外部改造。

二〇一一年四月，環球網及新華網等官方媒體均轉述予外國媒體有關該航母的消息。同年六月，「瓦良格」上的工作人員開始清理甲板，相控陣雷達和地對空飛彈已加裝在艦上，這被外界認為是主體改造工作完成。七月二十七日，國防部新聞發言人耿雁生在例行記者

右圖：「遼寧」號航母交船儀式。（圖片來源：互聯網）

下圖：「遼寧」號航母艦島。（圖片來源：互聯網）

本圖：在「庫茲涅佐夫」號上起飛的蘇─33。（圖片來源：portico）

本圖：在「庫茲涅佐夫」號上的蘇—33。

（圖片來源：portico）

會上說，中國目前正在利用一艘廢舊航空母艦平臺進行改造，用於科研試驗和訓練。此為官方對瓦良格號的軍事改造工作的首次承認。

試航

二〇一一年八月一日，甲板經清理及塗漆工作完畢，傍晚數以百計地海軍官兵列隊登上了母艦進行系統測試。八月十日，「瓦良格」號出海進行航行試驗，主要測試其動力輸出系統，八月十四日上午返航，共計五天時間。返回後繼續在船廠進行改裝和測試工作。

二〇一一年十一月二十九日，第二次出海，開展相關科研試驗，十二月十一日返回，持續時間長達十三天。

二〇一一年十二月二十日，第三次出海試航，十二月二十九日返回，持續時間達九天。

二〇一二年一月八日，中國航母平臺第四次出海試驗，一月十五日返回，歷時八天。

二〇一二年四月二十日，八時許再次從大連啟航，出海進行第五次海試，經過十一天海試，於四月三十日在濃霧中悄然駛回大連港，海試比預期超出一天時間。

二〇一二年五月六日，中國航母平臺進行第六次試航，五月十五日17時許駛回大連港泊位，完成了為

下圖：「遼寧」號航母甲板上的攔阻索。（圖片來源：互聯網）

期九天的海上測試。

二〇一二年五月二十三日九時起至六月一日七時,中國航母平臺進行第七次試航,持續時間超過兩百個小時,共計十天。

二〇一二年六月七日九時五十分,中國航母平臺開始進行第八次航海測試。

二〇一二年七月三十日其完成長達二十五天的第九次測試。

二〇一二年八月三十日9時30分

下圖:「遼寧」航母。(圖片來源:互聯網)

許,中國航母平臺在經過第十次海試後,平穩地停靠在遼寧大連港碼頭。

二〇一二年九月二日,「瓦良格」粉刷上舷號「16」字樣,該新舷號採用了中國海軍正在試用的新型美式塗裝,即所謂「黑邊白字」。

二〇一二年九月二十五日,國防部宣佈,中國首艘航空母艦「遼寧」號二十五日正式交接入列。

設計特點

在設計之初,蘇聯意圖建造一種達90000噸級的核動力航空母艦,

性能與美國配備有蒸汽彈射器的航空母艦相似。但因應資金，技術及戰略需要，蘇聯被迫降低標準，作為「基輔」級航空母艦向「烏裡楊諾夫斯克」級航空母艦的過渡艦型。最終，該級別航空母艦為65000噸級，放棄了配備蒸汽彈射器轉而採用滑跳式甲板。艦載固定翼戰機依靠使用本身的引擎動力，衝上跳板升空。這種設計比起採用平面彈射器的航空母艦具備更高的飛機起飛角度和高度，所需要的操作人員較少；但飛機離艦的動力完全依靠該飛機的自身引擎，要在較短的甲板上達至足夠的離艦速度，增加了對其艦載機設計的難度。故此，

對於艦載戰機起飛的重量亦有所限制，較難實現在全副武裝的情況下升空，大大降低了其作戰效能。為了保證飛機在超低速的狀態下平穩而不進入失速狀態，會對飛行員的技術提出更高的要求。

該艦原也可以擔任巡洋艦，因為它原裝有十二枚長程P—700花崗岩/SS—N—19海難反艦飛彈和諸多武裝。中國購入該艦後，在後期的改造工程中拆除了反艦飛彈發射裝置，並予以改裝以適合其它用途。

中國第一艘航空母艦「遼寧」艦

下圖：殲15艦載戰鬥機（圖片來源：互聯網）

已按計劃完成建造和試驗試航工作，於二〇一二年九月二十五日上午在中國船舶重工集團公司大連造船廠正式交付海軍。航母入列，對於提高中國海軍綜合作戰力量現代化水平、增強防衛作戰能力，發展遠海合作與應對非傳統安全威脅能力，有效維護國家主權、安全和發展利益，促進世界和平與共同發展，具有重要意義。

「遼寧」號航空母艦技術數據	
原艦參數	段，控制近防系統
主尺寸：艦長302米（全長）、281米（水線）、艦寬70.5米、吃水10.5米	電子干擾：2部PK—2、10部PK—10[13]
	武器裝備
飛行甲板：長300米、寬70米	18聯裝HQ—10（FL3000N)防空飛彈×3：左舷前部 左舷後部，右舷前部
機庫：長152米、寬26米、高7米	30毫米近防砲（10—12管）×3：左舷後部，右舷前部，右舷後部
排水量：55000噸（標準）67000噸（滿載）	12聯裝反潛/反魚雷多管火箭（RBU—6000)×2：左舷後部和右舷後部
動力：4臺蒸汽輪機 4軸 200000馬力	多功能干擾火箭：24聯裝×4（左舷後部和右舷後部各1座，右舷中部2座），16聯裝×2（左舷中部）
航速：29~31節	
續航力：大於7000海里/18節	
艦員：1960+626（飛行人員）	12單元SS—N—19反艦飛彈垂直發射裝置（備彈12枚）
電子設備：	
聲納：Zvezda—2 主動搜索/攻擊（中低頻）聲納和MGK—345 Bronza/Ox Yoke 艦體聲納	4座六聯SA—N—9防空飛彈垂直發射裝置（備彈192枚）
雷達：兩座三面對空搜索雷達；1座MR—710「頂盤」3座標對海/空搜索雷達，D/E波段；2座MR—320M「雙支柱」對海雷達，F波段；3座「棕櫚葉」	8座「卡什坦」（Kashtan）導砲合一近防系統
	4座AK—630型6管30毫米近防砲
導航雷達，I波段	2座10管RBU 12000反潛火箭發射器
火控：4座「十字劍」，K波段，控制對空飛彈；8座「熱閃」火控雷達，J波	最大可載50架飛機，約為Su—33（Su—27）和Mig—29戰鬥機、Ka—27反潛直升機、Ka—31預警直升機等類型

上圖：「愛宕」級首艦177「愛宕」號前甲板（圖片來源：日本海上自衛隊）

Chapter 4
水面主力戰艦

「愛宕」級驅逐艦

「愛宕」級飛彈驅逐艦是「金剛」級宙斯盾飛彈驅逐艦的改進型，由日本三菱重工長崎造船廠建造，共建造兩艘(DDG-177「愛宕」號、DDG-178「足柄」號)。屬於日本海自新一代主力戰艦，也是日本彈道飛彈防禦計劃的重要組成部分。

建造背景

「愛宕」級驅逐艦首艦「愛宕」號編號為DDG-177，艦名來源於日本京都近郊的愛宕山。日本海軍史上有兩艘著名的「愛宕」號。其一是日本計劃建造的「天城」級戰列巡洋艦的3號艦，由於《華盛頓海軍條約》規定所限，該艦還沒建成就在船台上解體了。其二是二戰期間「高雄」級重巡洋艦的2號艦。

「愛宕」級改進了「金剛」級的設計不足，其設計藍本是美國「阿利‧伯克ⅡA」型驅逐艦的第13號艦DDG-91「平克尼」號，改變

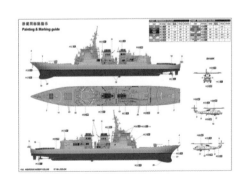

上圖：圖示「愛宕」級首艦177「愛宕」號（圖片來源：日本海上自衛隊）

上圖：「愛宕」級首艦177「愛宕」號前甲　　　下圖：「愛宕」級首艦177「愛宕」號
板上的64單元垂發系統　（圖片來源：日本　　（圖片來源：日本海上自衛隊）
海上自衛隊）

了日本傳統的垂直桁架桅桿，安裝了同「阿利‧伯克」級一樣的迎風後傾多面體三腳桅桿，提高了隱身性能。佈置MK41垂直發射系統艦艏64單元，艦艉32單元，可混裝「標準2」和「阿斯洛克」，可改裝具有攔截彈道飛彈能力的「標準」SM-3 Block I A型飛彈。可搭載SH-60k直升機一架。

「愛宕」火控系統採用宙斯盾系統Baseline 7 phase 1型，這是一種美日聯合設計的系統，而「金剛」級和「愛宕」基本武器裝備都類似。針對「金剛」級反潛能力的不足，「愛宕」級專門增加了能容納兩架反潛直升機的機庫，並配置了兩架先進的SH-60J型反潛直升機。

然而與「伯克IIA」型不同的

下圖：「愛宕」級首艦177「愛宕」號 （圖片來源：日本海上自衛隊）

是，「愛宕」級並未放棄反艦「魚叉」飛彈。「伯克I」型的「魚叉」飛彈是安置在艦艉，增加了直升機庫後就被迫取消掉；而「金剛」級的反艦飛彈則安裝在兩座煙囪間，因而在「愛宕」級的改裝上得以保留。再加上原本就已經是世界頂級的防空系統，可以說「愛宕」級擁有完整而強大的防空、反艦、反潛能力，它將是世界上火力最強大、裝備最完善的驅逐艦。

下圖：「愛宕」號近防武器。（圖片來源：日本海上自衛隊）

和以往一樣，日本繼續在「愛宕」級的排水量上玩文字遊戲。日本宣稱「愛宕」級排水量只有7700噸，相對中國新入役的驅逐艦，似乎並不算很大。但是，目前已知的「金剛」級滿載排水量已達到了幾乎與巡洋艦相同的10000噸。「愛宕」級更是超過10000號。

此外「愛宕」級上的MK41垂直發射系統擁有發射多種飛彈的能力，其中就包括在近年戰爭中大出風頭的「戰斧」巡弋飛彈。這次「愛宕」MK41系統將增加六個發射

單元，與「伯克IIA」型一致。

　　「愛宕」級是改進型的「金剛」級宙斯盾飛彈驅逐艦，是日本海上自衛隊的新一代主力戰艦，也是日本彈道飛彈防禦計劃的重要組成部分。 根據日本防衛省制定的飛彈防禦計劃，「愛宕」級將與「金剛」、「霧島」、「妙高」和「鳥海」號這四艘已服役的「金剛」級「宙斯盾」飛彈驅逐艦一起，共同承擔利用高性能雷達發現彈道飛彈、並在距地面200千米至300千米的大氣層外進行攔截的任務。 與「金剛」級相比，「愛宕」級的設計中重點考慮了隱身性能和網絡中心戰能力，應用了模塊化設計，這

「愛宕」級技術數據

滿載排水量：10000噸

標準排水量：7750噸

艦（艇）長：165 米

艦（艇）寬：21 米

吃水：6.2 米

最大航速：33 節

編製人數：310 名

武器系統：2組美制MK-41型飛彈垂直發射系統（艦首64單元、艦艉直升機庫頂部32單元）；
1門127毫米「奧托.不萊 梅」127毫米/54倍口逕自動火炮；
2座7管30毫米「密集陣」近防炮；
2座三聯裝324毫米魚雷發射管，霍尼維爾公司的MK46 mod5"尼爾蒂普"反潛魚雷；
2座四聯裝「魚叉」反艦飛彈發射裝置；

動力系統：石川島播磨重工 LM2500燃氣渦輪機四座（COGAG方式）雙軸推進；

引擎馬力：100000匹；

最高航速：33節以上；

續航力：4500海里/20節；

電子系統：「宙斯盾」海軍戰術數據系統具有11和14號數據鏈，OE-82C衛星通訊系統；

火控：3座MK99 mod1飛彈火控系統，型火炮火控系統，MK-116-7反潛火控系統；

雷達：對空搜索：Rcaspy1d三坐標雷達，E/F波段；

導航：日本無線電公司的OPS 2雷達，I波段；

火控：3部SPG 62雷達，1部MK2/21火控雷達，I/J波段；
「塔康」戰術無線電導航系統；
UPX29敵我識別器

上圖：「愛宕」級2號艦178「足柄」號和「金剛」級 首艦173「金剛」號 （圖片來源：日本海上自衛隊）

下圖：「愛宕」級2號艦178「足柄」號（圖片來源：日本海上自衛隊）

都大大提升了日本飛彈防禦能力。

　　與日本海上自衛隊原有的主力艦相比，「愛宕」級不僅對空防禦能力得到了進一步加強，而且其單艦綜合作戰能力也有了大幅度提升。在該艦及其他新戰艦建成之後，日本可以採用更為靈活有效的編組方式，對周邊事態作出及時回應，大大加強其對西太平洋地區的軍事干預能力。而一旦具備彈道飛彈攔截能力，從某種意義而言，「愛宕」級甚至可以被視為一種戰略武器。

上圖和下圖:「愛宕」號。(圖片來源:日本海上自衛隊)

052C 型驅逐艦

052C型驅逐艦（北約代號旅洋II級，英文：Luyang II），又稱「蘭州」級驅逐艦，是中國人民解放軍海軍的新一代防空驅逐艦。

首艦「蘭州」號為中國海軍第一艘安裝四面「海之星」有源相控陣雷達以及採用防空飛彈艦載垂直發射系統的戰艦。與此相對比的是，美國「宙斯盾」系統採用的是無源相控陣雷達。同級還有一艘，艦名「海口」，舷號：171。

艦種：防空驅逐艦
前型：052B型驅逐艦
次型：052D型驅逐艦
同型：「蘭州」號 舷號 170
　　　「海口」號 舷號 171
　　　「長春」號 舷號 150
　　　「鄭州」號 舷號 151
　　　「濟南」號 舷號 152
數量：6艘（4艘或4艘以上在建造中）
製造廠：江南造船廠

下圖：170「蘭州」號飛彈驅逐艦　（圖片來源：互聯網）

170艦二〇〇三年四月二十九日在上海江南造船廠下水，二〇〇五年九月服役。171艦二〇〇五年服役。兩艦皆在南海艦隊服役。中國海軍第一次擁有了區域防空能力。170艦是中國海軍最新服役的主力戰艦，因為保密的原因，目前對該艦的性能與裝備多為推測。

二〇〇八年十二月二十六日，「海口」號驅逐艦與「武漢」號驅逐艦、「微山湖」號綜合補給艦編隊前往亞丁灣海域護航，以保護中國及其他相關國際組織過往船隻免受索馬裡海盜的侵襲。

二〇一〇年十一月照片發現，

下圖：170「蘭州」號飛彈驅逐艦 （圖片來源：互聯網）

上圖：170「蘭州」號飛彈驅逐艦 （圖片來源：互聯網）

在上海長興島江南造船廠繼續建造第二批次同級艦，二艘已下水，可以判斷這批至少六艘要建，外觀和首批沒有什麼變化，可能有電子技術的升級，做為未來中國海軍航母戰鬥群的組建。

052C型艦體與052B型驅逐艦168艦相同，採用了模塊化的設計與建造，採用大角度飛剪艦艏，艦

體上層建築採用隱身造型，因加裝四面相控陣雷達，艦橋高度要超過052B，排水量略增滿載約7000噸。動力系統包括兩臺烏克蘭製造的DA—80型燃氣輪機以及兩臺由德國MTU公司許可證生產的柴油機，由於新的柴燃混合動力系統不夠成熟該艦沿用了052型驅逐艦類似的柴燃交替動力系統。直升機機庫與起降甲板位於艦艉，搭載一架Ka—27或直—9C反潛直升機。

170艦的相控陣雷達天線安裝在箱型艦橋四角的切面上，與美國海軍「阿利·伯克」級驅逐艦「宙斯盾」雷達安裝方式類似，天線外

下圖：170「蘭州」號飛彈驅逐艦　（圖片來源：互聯網）

上圖：170「蘭州」號飛彈驅逐艦　（圖片來源：互聯網）

表裝有呈弧形的散熱系統，與美國「宙斯盾」無源相控陣雷達的平板形完全不同。另配置一座低頻警戒雷達作為相控陣雷達的補充，該艦艦橋頂部有一座類似俄羅斯「現代」級驅逐艦「音樂臺」雷達的球型雷達天線罩。主桅頂端裝雷達天

線罩。

170艦上裝有六聯裝環形防空飛彈垂直發射裝置，共八個單元，艦橋前甲板六個，後甲板與直升飛機庫並排兩個，全艦垂直發射系統共裝彈四十八枚海紅旗—9防空飛彈，採用冷發射的方式（使用高壓氣體將飛彈推出發射裝置後，飛彈在空中點火），為了防止飛彈推出後發射失敗落回甲板上的危險，發射裝置向舷外傾斜一定角度。並且擁有再裝填設備。與幾乎同期服役的052B型驅逐艦168艦的鷹擊—82反艦飛彈四聯裝箱形發射裝置不同，170艦在後桅與直升飛機庫之間裝備了兩座圓柱體形四聯裝鷹擊—83反艦巡弋飛彈。艦艉裝一門單管100毫米口徑艦砲。近迫武器系統為7管30毫米口徑加特林式轉管砲的730型近程防禦武器系統，砲架上有一具跟蹤雷達以及一套光電跟蹤系統，一門位於艦橋前邊，另一門位於直升飛機庫頂部。三聯裝反潛324毫米短魚雷發射管，位於艦體後部兩側船舷，平時用艙門遮蔽。

該艦還可以配備UAV無人機與作戰數據系統鏈接。

170號和171號，主要作戰使命是負責作戰編隊的防空、反潛作戰以及配合其他艦艇進行反艦攻擊，總

下圖：170「蘭州」號飛彈驅逐艦 （圖片來源：互聯網）

hinged caps
for individual
launch cells

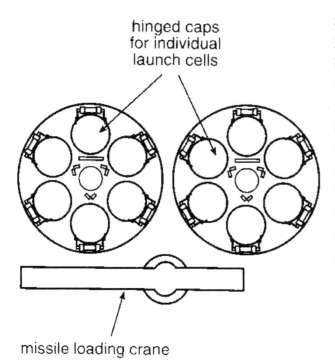

missile loading crane

左圖：紅旗—9飛彈系統：垂直發射筒。中國的紅旗—9飛彈系統使用的燃氣發射的「冷發射」方式，火箭發動機在點燃之前飛彈已經飛離戰艦。每個固定式圓柱形彈艙中有六個發射模塊，每個發射模塊一枚飛彈，每個彈艙都有一個鉸接口封閉。飛彈是通過一旁或者兩個發射筒之間的吊機裝進發射筒的。（圖片來源：portico）

circular blast
vent plates
above missiles

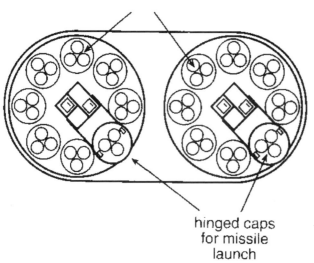

hinged caps
for missile
launch

左圖：S—300FM 飛彈系統：垂直發射筒。俄羅斯的SA—N—20系統使用了一個旋轉式飛彈艙，八枚S—300FM飛彈垂直裝置在每個模塊中。每一枚飛彈儲發桶頂部由一個易碎蓋封閉，飛彈發射時桶蓋預先引爆以外洩燃氣。每個圓桶狀彈艙有一個發射位置，其上有一個大的鉸接口蓋封閉。飛彈艙進行旋轉將每枚飛彈送於發射位置。（圖片來源：portico）

設計師為潘鏡芙。在外形上，艦體很明顯是由先前的167號驅逐艦發展而來，只不過設計的更加緊湊、平面化。和中國以往的艦艇設計總喜歡參照蘇俄的相比，170號驅逐艦在設計上可謂是獨具一格，帶有十分濃厚的德國MEKO風味；艦體修長而豐滿，艇部為大角度飛剪艦首，不帶任何外飄，水線以上無折角線，上層建築物採用了一體化的設計，尾部設有小契形尾；和八〇年代設

上圖：170「蘭州」號飛彈驅逐艦 （圖片來源：互聯網）

下圖：170「蘭州」號飛彈驅逐艦 （圖片來源：互聯網）

計的艦艇相比，170號雖然在適航性和穩定性上有所欠缺，但這種新穎的設計方式可以提高170號的航速，且在一定程度上也減少了艦艇在高速航行時的產生的興波阻力；其機動靈活，快速性好，可以說還是適應未來作戰需求的。

動力系統

170號驅逐艦的煙囪周圍可見燃氣輪機軍艦特有的大型空氣過濾

窗口，主機是一九九五年開始在烏克蘭生產的DA/DN80，這是除美國WR—21外目前世界最先進的同類主機，但壽命和維修時間有待觀察。

隱身性

進入二十一世紀，世界各國海軍在艦艇設計方面都開始追求隱身方面的要求。 由於有了先前167號的設計經驗，在170號上，中國海軍採取的是進一步加以完善的方法，外形上改變了167號半封閉的設計方式，首次採取了全封閉式的外

下圖：170「蘭州」號飛彈驅逐艦 （圖片來源：互聯網）

形設計，用曲面板代替平面板，側壁的傾斜角度更大，折角處都採用了圓弧形表面和稜，以避免鏡面強反射。而各種暴露在外的武器設備也都力所能及的實行了隱身化的改裝；比如主砲採用了隱身化設計，反艦飛彈附加了雙面擋板，防空飛彈使用了垂直發射裝置，將整個機構都深埋於艦體內部等。對於水面艦艇來說，紅外輻射具有明顯的可探測特徵。其紅外輻射源主要是煙囪、主機艙及其排出的廢氣和熱水、燈光、艦體表面的熱輻射等。在170上，針對紅外特徵較強的煙囪，分別採取了冷水降溫，隔熱擋板、塗絕熱層、防熱墊以及把柴油機工作時產生的廢氣通過內部管道

下圖：驅逐艦支隊的綜合攻防演練。（圖片來源：互聯網）

Type 052C Destroyer *Lanzhou*

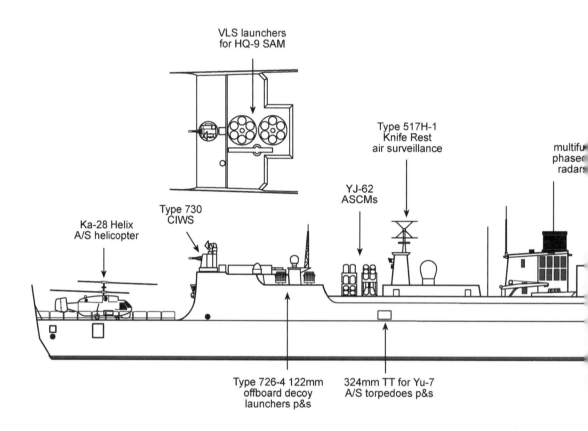

VLS launchers
for HQ-9 SAM

Type 517H-1
Knife Rest
air surveillance

multifu
phased
radars

YJ-62
ASCMs

Type 730
CIWS

Ka-28 Helix
A/S helicopter

Type 726-4 122mm
offboard decoy
launchers p&s

324mm TT for Yu-7
A/S torpedoes p&s

0m   50m

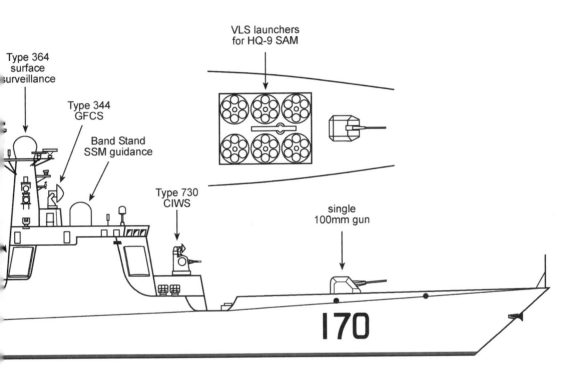

Type 364
surface
surveillance

Type 344
GFCS

Band Stand
SSM guidance

VLS launchers
for HQ-9 SAM

Type 730
CIWS

single
100mm gun

170

© John Jordan 2009

（圖片來源：portico）

排放至水裡的多種方法來抑制紅外輻射；在聲隱身上，170號的艦體表面採用了消聲瓦、消音塗層以及高效率的五葉大槳來防止來自水下的聲納探測。以上種種防護措施的結合，使得170號的隱身能力十分突出，據稱滿載排水量7000噸的170號在雷達顯示屏上的信號僅相當於幾百噸艦艇的大小。

武器裝備

十二管反潛反魚雷深彈在艦艇，原先被認為早已淘汰的FQF—2500/12管反潛/反魚雷深彈發射器再次出現在了170上。該深彈射程在2500米左右，主要用途是近距離反潛，中國海軍目前仍有大量艦艇裝備這種老舊但又實用的裝備。但以射程2500米的深彈來對付那些高性能潛艦實在是有點天方夜潭的感覺；所以在用途上，筆者認為用來反來襲魚雷的可能性較大，這也決非無稽之談，因為在俄羅斯海軍艦艇上也普遍裝備有一種類似的反魚雷設施，兩者除了在備彈數量上有一定

差別外，其他的比如整體結構、發射架、系統彈藥上都相差無幾。雖說這種系統的結構簡陋，又無制導、電子干擾設備，和目前普遍使用的其他反魚雷設備相比是小巫見大巫，但其威力強大、發射速度快、火力密集，齊射時能形成一道嚴密的水下屏障，只要和可靠的探測設備結合起來，還是可以取得一定效果的。

艦砲

在十二管反魚雷深彈發射器後部，安裝有一門法國克勒索·羅亞爾公司研製的單管100毫米緊湊型艦砲，主要用於攻擊海上目標以及防空，也可反飛彈和執行對岸轟擊任務。砲殼採用了隱身設計，初速870米/秒，身管長5500毫米，射速10~90發/分，對海上目標，最大射程17500米，有效射程12000米；對空目標的最大射程為8000米，有效射程6000米；砲重17000千克，具有結構緊湊、重量輕、射速高、反應時間短等優點。在20000米距離上對目

標的單發命中概率可達0.7～0.8。該砲很可能是中國引進法國專利後的國產化產品，早在上世紀八〇年代中期，中國就向法國購買了兩套該裝置，其中的一套便裝在了反潛加強型的「江湖」級護衛艦544號上使用。而根據使用的效果看，中國海軍對該砲的性能還是十分滿意的，隨後便同法國簽定了引進生產線的合同，並由法國方面提供技術支持繼續對該砲作進一步地改進，以裝備新設計的大型水面艦艇上。由於170號未來將主要用於中國南海巡邏，面對實力弱小的東南亞各國海軍，以該砲在射擊、反映速度快、命中精確度高、威力大的優勢還是能很好的完成其作戰使命的，畢竟某些時候砲彈的作用還是要大於飛彈。

防空飛彈

作為一級以防空為主的驅逐艦，170上裝備了中國第一種艦載遠程防空飛彈，型號為「HHQ—9」，由陸基HQ—9A發展而來。飛彈為無翼式，最小作戰高度0.5千米，最大作戰高度30千米，最小作戰距離6千米，最大作戰距離120千米，最大飛行速度大於4.2馬赫。飛彈全長6.8米，彈徑0.47米，彈重1300千克，彈頭重量超過180千克。飛彈的發射方式為垂直冷發射，六聯裝，共有四十八枚HHQ—9A飛彈。發射筒類似於俄羅斯海軍使用的左輪式，但SA—N—6的發射系統8枚飛彈共享一個發射口，而中國的HHQ—9A則是每個飛彈單獨使用一個發射口。相比較，HHQ—9的發射方式更為可靠，且發射速度更快，安全率也高。但由於該飛彈的最低射高只有500米，無法滿足艦隊防空的要求，在執行編隊防空時還需要其他艦艇的密切配合。

反艦飛彈

由於170的設計思想是以防空為主，反潛為輔，故該艦的反艦作戰能力不如近年來中國海軍新服役、改進的驅逐艦（通常搭配十六枚反艦飛彈），但也安裝有八枚C—803/

鷹擊—12超音速反艦飛彈發射裝置。飛彈發射筒也設計成了圓筒式的，這樣更有利於發射時的穩定、精度和保障問題。C—803飛彈延續了C—802的彈體氣動佈局，長度大於C—802的6.4米，最大射程為250千米左右，其上保留了C—802的小型渦噴發動機結構，彈頭整流罩較前者略為尖細，採用新型固體火箭發動機，末端速度達到了2.3馬赫，並可做高難度的蛇行窺弊機動；此外，折疊式彈翼的前面還有一接收資料鏈的天線，可接受艦艇、直升機、甚至衛星的導引，以此進行超視距攻擊。

近程防禦系統

170上的近程防禦系統為中國最新研製的七管30毫米「火神」速射砲，在艦橋下方以及機庫偏右上各設一座。從外形上來看，該砲的設計在一定程度上借鑑了荷蘭的「守門員」防禦系統。該系統於上世

下圖：171「海口」號飛彈驅逐艦 （圖片來源：互聯網）

紀九〇年代初開始研製，為降低成本、簡化後勤，和雙37系統一樣，採用了俄羅斯AK—630上的現成砲管，但數量有所增加，為七管，速度達到了5800發/分，其反應速度快、可靠性好、命中精度高、威力大，整體性能超過了目前各國海軍普遍使用的「密集陣」、「守門員」等近程防禦系統，具有很強的反導能力。伺服系統採用運算放大器，功率放大採用數字脈寬調製系統，並首次應用閉回電路的射控技術，可修正彈著偏差，推動系統為交流電式。與「守門員」不同的是，該砲沒有搜索雷達，缺乏跟蹤掃瞄多目標追蹤能力，其1/K波段多普勒追蹤雷達可以自動切換來消除鏡象反應，而ODF—730光點追蹤儀反時間應低於3秒，測量精度0.3米位。而採用一前一後佈置的方式也使得兩砲能在危急時刻進行協同作戰，以提高毀傷概率。

反潛系統

170號的反潛能力十分齊全，主要裝備有一座三聯裝改進型「白頭」型反潛魚雷系統以及1架卡—28反潛直升機。「白頭」魚雷是中國於上世紀八〇年代仿義大利A—244S「白頭」魚雷設計的一種輕型反潛魚雷。該雷長2.75米，口徑324毫米，射程15千米，航速35節、最大下潛深度500米，採用鉛酸電池做動力。該魚雷既可由水面艦艇攜帶，也可以由反潛直升機掛載。在反潛聲納方面，設有球鼻首聲納以及拖曳聲納。聲納的布置方式較為特別，一改以往正尾拖放的方式，轉而採用側尾布置。聲納工作時絞車從左/右側尾升出，缺點是聲納布置/回收困難，精度較差，且工作時受海況影響較大。

自動化指揮系統

艦載C3I系統網絡包括艦船上指揮中心內部的局域網和指揮中心之間的互連網，普遍使用共享介質、總線形式的網絡拓撲結構總線使用的速率也從低速的1Mbps到中低速的標準10Mbps帶寬發展。中國海軍新型大中型水面艦艇普遍採用的是仿意式IPN—10的作戰系統。該系統用

MHIDAS多路高級綜合分布結構系統。該總線系統採用模塊化結構，分為主線和支線，主線可達50米，兩個終端設備之間最遠可達400米。總線數據傳輸率可達10Mbps/秒，用戶數量最多可達256個，可滿足中大型艦艇對於傳輸距離傳輸速率和終端數目的要求。

052C還配屬了新一代由中國船舶重工集團第709所研製的ZKJ—5作戰情報指揮系統，為中國第三代作戰情報系統，和第二代相比，整體性能上有了很大的提高。該系統提速到100M 快速以太網(交換式)在實時性能、網絡容量、網絡分析建模、可靠性等方面又有了相當的提高。 052C據信將採用我國海軍首型海上編隊戰役、戰術型自動化指揮系統(H/ZBJ—1)。該新型指揮系統採用功能更強、速度更快的數據總線，更先進的旗艦數據顯示中樞採用以光纖數據總線為基礎的以太網局部網絡和開放系統互連結構。該系統結合支持戰鬥群各分隊之間的綜合通訊、導航和敵我識別用於交換聯合戰術數據鏈，對艦隊直轄艦和岸基、空基偵測平臺進行有效的指揮管理和協調。目前704所還在設計研究航母艦隊指揮系統和南京軍區的某型戰區封鎖系統。

電子設備

170號上的電子設備主要是一套中國自行研製的「板磚」相控陣雷達系統，布置方式類似於美日的「阿利·伯克」級和金剛級驅逐艦，系統由4面雷達發射面成四邊形安裝在艦橋的四個方向上，雷達搜索距離在450—500千米之內，工作模式為有源式，外形為箱體，通過前後左右四個面固定安裝起來，以格柵固定。波段為主動的S波段，陣面於艦體側切平面結合成的角度為80度左右。系統由指控系統、探測於跟蹤系統、火控系統、飛彈發射系統、作戰準備與測試系統組成。自動化程度較高，在進入作戰狀態時，操作人員首先用「板磚」雷達對全空域進行搜索，在發現目標之後自動轉入跟蹤狀態，並自主的進行敵我識別，威脅評估，再把結果數據傳送給武器控制系統。武器控制系統

則依據數據自動編寫攔截程序發給HHQ－9A防空飛彈。飛彈一般是按預先設置好的彈道飛行，武器控制系統通過「板磚」雷達以低數據的指令修正飛彈的飛行彈道偏差，當飛彈飛行到末端的時候，則自主尋找目標攻擊。由於飛彈採用的是爆破式毀傷戰鬥機，故具有很高的命中率。可以相信，中國海軍在擁有了該系統之後，其海軍編隊中的防空能力定會有著跨躍式的提高。

為了補充相控陣雷達的搜索盲區，170上配置了一套517型「八木天線陣」對空/對海遠程預警雷達，改良自一九五〇年代的蘇聯舊型雷達，使用一具舊式的八木式架狀天線，不過設備已經全面提升。517雷達雖然沒有穩定基座，在大風大浪下的精確度會降低，但就一具搜索距離達350千米的長程雷達而言影響不大；而且此種雷達使用的寬波束對於偵測匿蹤飛機似乎較為有效，所以仍被中國海軍一直沿用。該雷達具有很強的抗干擾能力，能在極其複雜的電子環境下工作，搜索距離為180千米，能探測隱身目標。該

雷達普遍裝備於中國海軍艦艇上，可以說是中國海軍的標準裝備。在170號的頂桅上，還裝備有一個白色的球型雷達天線罩；從外型上來看，該雷達類似於法國紫菀15/30防空飛彈的制導雷達，是用於控制紫菀飛彈進行協同攻擊的，但也不排除是對海搜索雷達的可能。

該艦另一個惹眼的地方就是「音樂臺」反艦雷達制導球形天線面了，該雷達是俄羅斯「現代」級驅逐艦SS－N－22反艦飛彈的標準制式設備工作在D/E/F波段，主要裝備於俄海軍「現代」級、無畏級等大中型作戰艦艇，主要用於反艦飛彈的中途雷達制導，還具有對空對海搜索能力，天線外罩為一個直徑3.2米、高4.5米的長套筒形，頂部呈圓形。罩內裝有一圓拋物面反射體該雷達，控制距離在120千米以內。但170號並未裝備俄羅斯的SS－N－22飛彈，所以該裝置也被認為可以制導C－803飛彈，一來可以說明該系統的通用性十分好，二來也可在一定程度上減少艦載直升機的勞動強度，更有利於戰鬥力的發揮。

另外，170號還有1部347G型火控雷達，I波段(用於反艦飛彈和100毫米砲)、兩部EFR－1「谷燈」(Rice Lamp)雷達、一部RM－1290型導航雷達，J波段以及一套GDG－775型光電指揮儀。

相控陣雷達

據西方媒體報道，170艦上層建築，外形與美國裝備「宙斯盾」系統的「伯克」級級飛彈驅逐艦極為相似，艦橋周圍裝有4個大的「弧形物體」，被分別布置在艦橋四周。據信，這4個大弧形物體內將各裝一具與美國「宙斯盾」系統相當的相控陣雷達平板天線。外國軍事專家指出，「中華神盾」艦性能優於美國「宙斯盾」艦的早期型，可是相控陣雷達需用高性能的超級電腦處理大量信號，中國的電腦整合技術實力尚待證實。

據報道，具備區域防空能力的170艦已經安裝兩套以中國製造的新型730型速射火砲為主的近程防空武器系統。主砲背後首次安裝了艦對空飛彈垂直發射系統，以應付敵方來襲飛彈的「飽和攻擊」。國外軍事專家分析指出，170艦的垂直發射系統，可能具有四十八個垂直發射單元，後期生產型也許加大尺寸，裝配更多的垂直發射飛彈系統。這將填補中國海軍在艦隊遠程防空方面的缺陷。

用於控制100毫米艦砲的火控雷達也已經安裝到軍艦上，值得注意的是170艦的100毫米艦砲一改中國軍艦經典的雙管砲塔造型，而換裝成了雷達隱形特徵更佳的單管火砲砲塔。

「海口」號飛彈驅逐艦

「海口」號的「中華神盾」

「海口」號最讓全世界關注的，是它所配備的「中華神盾」系統。媒體將這艘中國新型驅逐艦，與裝備了「宙斯盾」系統的美國驅逐艦相提並論，稱之為「中華神盾」艦。該艦自開始建造之日起就一直被西方關注。在海口號下水之後，西方媒體更是對「中華神盾」艦的外形細節做了大量報道。一些

西方的海軍學者連續數周通過不同途徑瞭解「中華神盾」艦的建造狀況、技術水準，「表現出了少有的好奇與熱情」。

傳說希臘神話裡的主神宙斯使用一面雕有蛇髮女妖頭像的盾牌，這是其護身法寶，誰見了此盾牌就會變成石頭。這面盾牌就是「宙斯盾」。

二十世紀六十年代以來，世界各國反艦飛彈獲得迅猛的發展，對水面艦艇構成巨大的威脅。特別是前蘇聯海軍總司令戈爾什尼科夫海軍元帥還提出了專門對付美國航空母艦戰鬥群的反艦飛彈「飽和攻擊戰術」，即同時或在以秒計算的時間內向敵艦發射大量的飛彈，以有效攻擊航空母艦。

面對蘇聯海軍數量龐大的反艦飛彈，美國人感到了危機，認為必須立即建立能夠阻擋「飽和飛彈攻

下圖：171「海口」號飛彈驅逐艦　（圖片來源：互聯網）

擊」的有效艦隊防空體系。美海軍於一九六三年開始設計一種全新概念的作戰系統，一九六九年底將該系統正式命名為「宙斯盾」系統，其全稱為「全自動作戰指揮與武器控制系統」。該系統一九七〇年正式開始研製，一九八三年研製成功並首先裝備在美「提康德羅加」號飛彈巡洋艦上。

「宙斯盾」作戰防禦系統包括六大部分：相控陣雷達、計算機系統、指揮決策系統、武器控制系統、武器火控和發射系統、戰備狀況檢測系統。目前美國海軍還計劃增加第七部分，即作戰訓練系統。「宙斯盾」系統具有強大的防空、反艦和反潛等作戰性能，其關鍵部件是AN/SPY－1A多功能相控陣雷達系統。按設計要求，它能實施全方位搜索，可同時跟蹤監視四百個來襲目標，並能自動及時跟蹤其中一百個危險目標，並實施有效打

下圖：171「海口」號飛彈驅逐艦 （圖片來源：互聯網）

擊。

無疑，安裝了「宙斯盾」系統的飛彈驅逐艦不僅具備強大的戰區防禦能力，還可同時對空中、水面和水下目標實施全面攻擊，攻防能力在當今戰艦中屈指可數。目前，只有美國、日本、西班牙、挪威、韓國、德國和荷蘭等國軍艦上裝備了這種「宙斯盾」系統。

「宙斯盾」系統當初是為了對付海上「飽和攻擊」而設計的，但到了一九九三年五月，美國正式宣佈建立「戰區飛彈防禦系統（TMD）」以後，「宙斯盾」系統就發展成美國TMD系統海基攔截系統的一個重要組成部分，使得「宙斯盾」系統實際成為一個小TMD。

現在，「海口」號上也安裝了類似「宙斯盾」的雷達系統無疑標誌著中國海軍的進步。

052C型技術數據
滿載排水量：7000噸
全长：154米
全宽：17米
吃水：6.1米
燃料：柴油 锅炉柴燃交替CODOG

下圖：171「海口」號飛彈驅逐艦 （圖片來源：互聯網）

「金剛」級驅逐艦

「金剛」級驅逐艦屬於第四代驅逐艦，由美國伯克級I型改良而來。共建造四艘，分別是「金剛」、「霧島」、「妙高」和「鳥海」號（舷號為173-176）後續的」愛宕」級則是採用的伯克IIA型為藍本舷號從177號起，建造數量暫時未定，已經有177「愛宕」號178「足柄」號服役。

「金剛」級驅逐艦配備「宙斯盾」戰鬥系統，RIM-66 SM2 Block II防空飛彈，RUM-139垂直發射反潛火箭，RGM-84「魚叉」反艦飛彈，接近武器系統，魚雷等等但沒有戰斧飛彈系統。

「金剛」級的MK41系統和美國的最大區別是不能發射戰斧飛彈。和其他搭載「宙斯盾」系統的戰艦一樣，此艦上層結構主要裝載AN/SPY-1無源相位陣列雷達，而不是傳統式旋轉天線。上層結構的設計也有匿蹤性質，希望減少雷達截面

下圖：「金剛」級驅逐艦首艦，173「金剛」號（圖片來源：日本海上自衛隊）

積。但是也因此此艦上段變重，需要吃水更深因此體積與排水量都比一般驅逐艦大，接近巡洋艦。

「金剛」級驅逐艦目前正在做為戰區飛彈防禦系統準備的功能化改裝。

同級艦：「金剛」，「霧島」，「妙高」，「鳥海」。

上圖：「金剛」級驅逐艦174「霧島」號（圖片來源：日本海上自衛隊）

下圖：「金剛」級驅逐艦首艦，173「金剛」號（圖片來源：日本海上自衛隊）

上圖：「金剛」級驅逐艦174「霧島」號
（圖片來源：日本海上自衛隊）

下圖：「金剛」級驅逐艦首艦，173「金
剛」號（圖片來源：日本海上自衛隊）

上圖:「金剛」級驅逐艦175「妙高」號
（圖片來源:日本海上自衛隊）

下圖:「金剛」級驅逐艦175「妙高」號
（圖片來源:日本海上自衛隊）

「金剛」級技術數據

標準排水量：7250噸

滿載排水量：9485噸

艦長：161米，艦寬：21米，吃水：6.2米

動力：石川島播磨重工業制LM2500燃氣渦輪機4座（COGAG方式）2軸推進。

引擎馬力：100000匹

航速：30節

續航力：4500海里/20節

編製：300人

武器裝備

飛彈：反艦飛彈：2座4聯裝「魚叉」反艦飛彈

艦空飛彈和反潛飛彈：艦首裝FMCMK－41 29單元的飛彈垂直發射系統。艦艉裝馬丁.馬裡塔MK－4161單元的飛彈垂直發射系統，共有90枚「標準」和「阿斯洛克」飛彈。「標準」SM－2MR艦空飛彈指令/慣性制導，半主動雷達尋的，飛行速度2馬赫，射程73千米。「阿斯洛克」反潛飛彈，慣性制導，射程1。6－10千米，攜帶MK46Mod5「尼爾蒂普」反潛魚雷。

艦炮：1門「奧托。梅臘拉」127毫米/54火炮，仰角85度，射速45發/分，射程16千米，彈重32千克。2座通用電氣/通用動力公司的6管20毫米/76MK15「密集陣」火炮，射程1.5千米，射速3000發/分。

魚雷：2座3聯裝324毫米魚雷發射管，霍尼維爾公司的MK46Mod5"尼爾蒂普」反潛魚雷，主/被動尋的，射程11千米，航速40節，戰斗部重4。4千克。

對抗措施：4座MK36SRBOC6管箔條彈發射裝置，SLQ25拖曳魚雷誘餌。三菱機電公司的NOLQ2偵察和干擾設備。

作戰數據系統：「宙斯盾」海軍戰術數據系統具有11和14號數據鏈，OE－82C衛星通訊系統。

火控：3座MK99MOD1飛彈火控系統，2－21型火炮火控系統，MK116－7反潛火控系統。

雷達：對空搜索：RCASPY1D三坐標雷達，E/F波段。

導航：日本無線電公司的OPS20雷達，I波段。

火控：3部SPG62雷達，1部MK2/21火控雷達，I/J波段。「塔康」戰術無線電導航系統。UPX29敵我識別器

聲納：日電OQS－102（SQS－53B/C）球首聲納，主動搜索與攻擊，OQR－2（SQR－19A（V））TACTASS拖曳陣列，被動搜索，甚低頻。

直升機：SH－60J直升機，備有直升機平台和燃料補給設施。

上圖和下圖：「金剛」級驅逐艦175「妙高」號（圖片來源：日本海上自衛隊）

建造狀況

「金剛」級一共建造了四艘。為海上自衛隊最初配備的「宙斯盾」艦，在日本護衛艦隊中，每一個護衛隊群配備一艘，是艦隊主要的防空設備。

建造編號	舷號	艦名	開工日期	下水日期	服役日期	母港
2313	DDG-173	金剛	1990年5月8日	1991年9月26日	1993年3月25日	佐世保/第1護衛隊群第5護衛隊
2314	DDG-174	霧島	1992年4月7日	1993年8月19日	1995年3月16日	橫須賀/第4護衛隊群第8護衛隊
2315	DDG-175	妙高	1993年4月8日	1994年10月5日	1996年3月14日	舞鶴/第3護衛隊群第7護衛隊
2316	DDG-176	鳥海	1995年5月29日	1996年8月27日	1998年3月20日	佐世保/第2護衛隊群第6護衛隊

下圖：「金剛」級驅逐艦176「鳥海」號（圖片來源：日本海上自衛隊）

本圖：「金剛」級驅逐艦176「鳥海」號（圖片來源：日本海上自衛隊）

052B 型驅逐艦

052B飛彈驅逐艦中國最新一代的通用型飛彈驅逐艦。首艦一九九九年底或二〇〇〇年初開工建造，二〇〇二年五月初下水，目前已交付海軍。標準排量約5200噸，柴燃動力，航速30節。四座四聯C—803反艦飛彈發射架，兩座9M38M單臂防空飛彈發射架，一座100毫米單管隱身主砲，兩座國產七管30毫米近

艦種：驅逐艦

艦名出處：中國城市名字

前型：051B型驅逐艦

次型：052C型驅逐艦

數量：2艘

下水時間：

「廣州」號：二〇〇二年五月二十三日

「武漢」號：二〇〇二年十月

服役時間：

「廣州」號：二〇〇四年七月十五日

「武漢」號：二〇〇四年底

下圖：168「廣州」號飛彈驅逐艦 （圖片來源：互聯網)

防砲，四座3x6多用途發射器，兩座三聯裝324毫米魚雷發射管，搭載一架卡—28反潛直升機。

052B型驅逐艦（北約代號「旅洋I」級，英文：Luyang I）又稱「廣州」級驅逐艦，中國人民解放軍海軍具備艦隊點防空能力的多用途驅逐艦，首艦「廣州」號，二號

艦「武漢」號。二○○八年十二月二十六日，「武漢」號奉命與「海口」號驅逐艦、「微山湖」號綜合補給艦編隊前往亞丁灣護航，以保護中國及其他相關國際組織過往船隻免受索馬裡海盜的侵襲。「廣州」號（舷號：168）二○○○年在上海江南造船廠動工，二○○二年

052B型驅逐艦技術數據

標準排水量：5200噸
滿載排水量：6500噸
全長：154米
全寬：17米
吃水：6米
裝備
動力柴燃交替動力方式（CODOG）2軸推進
兩臺MTU 12 V 1163 TB83柴油發動機（8840馬力）
兩臺DA80燃氣渦輪機（58200馬力）
最高速度30節
續航距離6000海里（15節）
乘員280人
艦載機兩架「直—九」直升機
武器裝備
一臺單聯裝100毫米砲
兩臺730型CIWS
兩臺SA—N—7防空飛彈
俄制「施基利」中程防空飛彈系統

（SA—N—7防空飛彈，也有部分中國國內媒體報導為其改進型SA—N—12），全艦共裝彈48枚。
四臺四聯裝YI83反艦飛彈發射裝置
兩臺三聯裝「白頭」B515魚雷發射管.
168艦上四聯裝箱形反艦飛彈發射裝置共4座，位於煙囱與後桅之間，裝彈16枚（二十世紀九○年代開始，中國驅逐艦配備的反艦飛彈發射裝置數量是其他國家的兩倍），裝備「鷹擊」—83反艦飛彈。
艦艏裝一門單管100毫米口徑高平兩用艦砲（與法國克勒索‧羅亞爾公司的T—100C單管100毫米口徑緊湊型艦砲相似，但普遍認為是中國國產型號）。
近程防空系統為2門730型近程防禦武器系統，有1具跟蹤雷達以及1套光電跟蹤系統，位於艦橋後部的前桅兩側舷各1門。
反潛裝備包括三聯裝反潛魚雷系統以及6管反潛火箭發射器。

下水，二〇〇四年加入現役。同級還有一艘（舷號：169）「武漢」號。按照舷號推斷應編入中國人民解放軍海軍南海艦隊。由於武器裝備與俄國「現代」級驅逐艦十分相似，所以又有「中華現代」之稱。168艦滿載排水量約6500噸。採用封閉的橋樓船型，艦體上層建築採用隱身造型。動力系統採用燃氣輪機和柴油動力，柴燃交替動力，單個煙囪。直升機機庫與起降甲板位於艦艉，搭載一架反潛直升機。艦上

部分武器系統以及電子設備與俄羅斯制「現代」級驅逐艦相同。168艦裝有單臂防空飛彈發射裝置兩座（外觀與「現代」級驅逐艦防空飛彈發射裝置相同）。

168艦前桅頂部裝備與「現代」級驅逐艦相同的ＭＲ－750Ａ「頂板」三坐標雷達，天線背靠背傾斜安裝。艦體兩舷各有兩部ＭＲ－90「前罩」火控雷達，用於控制ＳＡ－Ｎ－7防空飛彈。艦橋頂部有一座類似「音樂臺」雷達的球型雷達天線罩。據推測該艦後桅頂部的球型雷達天線罩內配置了一套搜索雷達。

下圖：168「廣州」號飛彈驅逐艦
（圖片來源：互聯網)

驅逐艦,這次行動受到世界各國的高度重視。二〇一一年七月,「武漢」號再次參加亞丁灣護航行動。

169「武漢」號驅逐艦是南海艦隊主力艦之一,是052B型驅逐艦二號艦,二〇〇四年服役,主要規格和「廣州」艦相同。該型艦全長154米,寬17米,滿載排水量6500噸以上,是一種防空、反潛、反艦能力均衡的遠洋驅逐艦。

169號屬多用途型驅逐艦,用於防空、反艦和反潛,總設計師為潘鏡芙。169號採用了全封閉、曲面板代替平面板、傾斜側壁的設計方法來降低雷達反射信號。而紅外隱身、聲學隱身上採取的措施和170號

下圖:169「武漢」號飛彈驅逐艦 (圖片來源:互聯網)

上圖:168「廣州」號飛彈驅逐艦 (圖片來源:互聯網)

168艦主槍兩側各有三個、後槍兩側各有一個電子戰天線。

二〇〇八年底,針對日益嚴峻的海盜活動,中國政府派遣由「武漢」號、「海口」號、和「微山湖」組成的遠洋艦艇編隊赴索馬裡亞丁灣地區執行護航任務,保護在該海區活動的商船。這是中華人民共和國海軍首次派軍艦執行類似任務,同時,因為這次派出的主要作戰艦艇均為中國海軍最新銳國產

Type 052B Destroyer *Guangzhou*

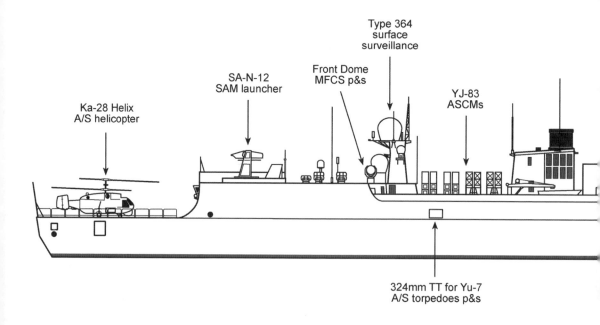

Type 364
surface
surveillance

Front Dome
MFCS p&s

SA-N-12
SAM launcher

YJ-83
ASCMs

Ka-28 Helix
A/S helicopter

324mm TT for Yu-7
A/S torpedoes p&s

0m   50m

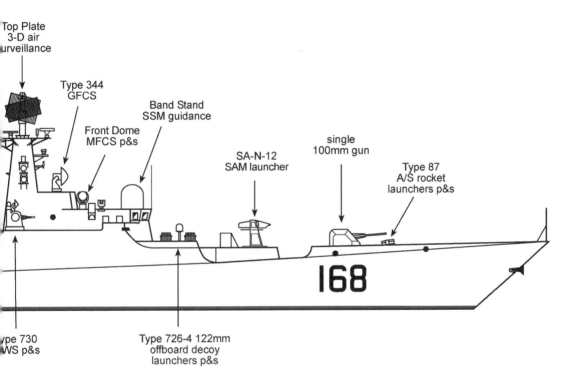

Top Plate
3-D air
urveillance

Type 344
GFCS

Band Stand
SSM guidance

Front Dome
MFCS p&s

single
100mm gun

SA-N-12
SAM launcher

Type 87
A/S rocket
launchers p&s

168

pe 730
WS p&s

Type 726-4 122mm
offboard decoy
launchers p&s

© John Jordan 2009

（圖片來源：portico）

上圖和右圖：052B型驅逐艦又稱「廣州」級驅逐艦，中國人民解放軍海軍具備艦隊點防空能力的多用途驅逐艦，首艦「廣州」號（舷號：168），二號艦「武漢」號（舷號：169）。 （圖片來源：互聯網)

右圖：「廣州」號的近程防空系統為2門730型近程防禦武器系統，有1具跟蹤雷達以及1套光電跟蹤系統，位於艦橋後部的前桅兩側舷各1門。 （圖片來源：互聯網)

上圖：「廣州」號出海時的情景。　　　下圖：中國海軍「海豚」艦載直升機。

（圖片來源：互聯網）　　　　　　　　（圖片來源：互聯網）

類似。但169號佈滿了各種用途的電子和武器設備，整個上層建築物顯的擁擠不堪，這在很大程度上影響了該艦的隱身能力。但169艦的總噸位不如防空型的170號，整體隱身能力也要遜色，這是兩者在設計任務上的不同而造成的。

169號採用烏克蘭DA80燃氣輪機和德國MTUl163—TB92柴油機，最高航速32節，15節時續航距離6000千米。

169號艦首有兩座十二管反魚雷深彈發射裝置，用於反潛或反魚雷。深彈後部裝備的是一座法國單

下圖：169「武漢」號飛彈驅逐艦（圖片來源：互聯網）

管100毫米主砲。而在其後的02號甲板上，則裝備了一座俄制單臂防空飛彈發射裝置。彈藥為SA—N—12中程防空飛彈，是俄羅斯海軍上世紀八〇年代的產物，為海基SA—N—17的改進型。是一種全天候多通道的艦載中程防空飛彈武器系統，可擔負艦艇和編隊的防空作戰任務，主要攔截的目標是轟炸機、殲擊轟炸機、攻擊機、直升機和各類反艦飛彈。整個系統由三坐標對空搜索雷達、連續波照射器、TV電視頭、目標分配臺、精跟顯控臺、射擊控制臺、中央計算機、飛彈、發射架、彈庫及發控設備等組成。武器系統有兩座發射架，為單臂斜架，分別位於艦首、艦尾，用來裝填和發射飛彈。該發射架方位轉動範圍360度，高低角範圍0～70度，調轉速率90～100度/秒。發射裝置能快速自動裝填飛彈，再裝填一枚彈的時間為12秒。飛彈射程40千米，飛行速度4馬赫，採用無線電指令修正和末段雷達半主動尋的制導，能攔截速度在0.9M，飛行高度10米的飛彈目標以及高度3000米，距離40千米的飛機目

標。

安裝在艦橋中後部的是七管30毫米近程防禦系統，和170號相比，169號採用的是兩側佈置方法，理論來講，169號的近防能力不如170號，因為該艦只能以一對一的辦法防禦來襲飛彈，和170號的二對一相比，火力少了一半，但這也是兩者在設計思想上的差異而造成的。一是170號安裝了垂直發射系統，整個發射

裝置都深埋於艦體內部，結構雖然龐大卻不佔甲板空間。而169號採用的則是飛彈發射臂，無論處於何種狀態發射臂都必須暴露在甲板上。二是由於170號在艦橋上安裝了巨大的「板磚」相控陣雷達系統，這樣艦橋就要求設計的很高，以保障雷達探測的界面，而169號作為一艘沒有相控陣雷達的多用途的驅逐艦，艦橋沒必要設計的過高，以上兩點造就了兩艦在防禦系統上存在的巨大差異。但169有著SA－N－12型防空飛彈的支持，整體防禦實力絕不

下圖：中俄海軍飛彈驅逐艦在實施海上協同演練。參加「和平使命—2005」中俄聯合軍事演習的雙方海空軍部隊。（圖片來源：互聯網）

上圖和下圖：「武漢」號（舷號：169）裝有單臂防空飛彈發射裝置兩座（外觀與「現代」級驅逐艦防空飛彈發射裝置相同），艦橋前甲板一座，與直升機機庫並排一座，裝備俄制「施基利」中程防空飛彈系統（SA—N—7防空飛彈，具推測全艦共裝彈四十八枚。 （圖片來源：互聯網）

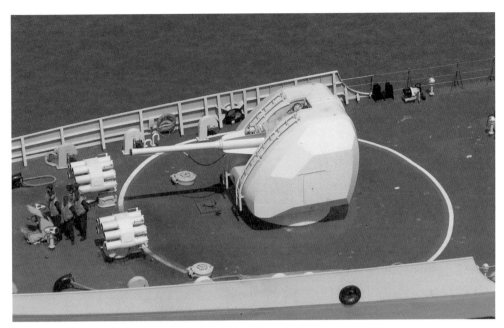

上圖：艦艏裝一門單管100毫米高平兩用艦砲。（圖片來源：互聯網）

下圖：「廣州」號（舷號：168）、「武漢號」（舷號：169）和「海口」（舷號：171）號進行編隊。（圖片來源：互聯網）

比170號差。

在反艦和反潛能力上，169比170多裝了八枚C—803/鷹擊—12飛彈，其火力更猛，作戰能力更強。

169號驅逐艦的電子設備種類繁多，但基本和170艦上的相同，如「音樂臺」制導雷達、「八木天線」、衛星通訊系統等等。只搜索雷達以及防空制導雷達使用的是俄羅斯的「頂板」三坐標對空/對海搜索雷達以及四部MR—90型「前罩」（Orekh/Front Dome）火控雷達，F波段，用於控制SA—N—12防空飛彈。而「頂板」雷達也是當今俄羅斯海軍的主力裝備，普遍裝備於各型驅

護艦上，性能十分先進。其工作在E/H頻段，縫隙天線背靠背傾斜安裝而成，掃瞄率比單面雷達提高了一倍。該雷達除具有對空、對海目標偵測的能力外，還有空中管制和低空補盲的功能。其主要特點是抗電子干擾強、自動化程度高，性價比佳。169裝備的是最新型的MAE—5。在原有型號基礎上，MAE—5的發射功率翻一番，達到90kW，最遠有效距離仍為300千米，但對戰機和飛彈的探測距離提高了百分之二十，分別達到230千米和50千米。169號使用的是和170號相同的指揮控制設備，其他方面如RM—1290型導航雷達、347G型火控雷達等都和170號相同。

下圖：169「武漢」號飛彈驅逐艦 （圖片來源：互聯網）

下圖：機載直升機卡—28。 （圖片來源：互聯網）

上圖：169「武漢」號飛彈驅逐艦 （圖片來源：互聯網）

「高波」級驅逐艦

　　「高波」級驅逐艦是「村雨」級的後繼型和全面升級版。它首艘標準排水量為4560噸。但是為了拓展遠洋作戰能力，日本便不斷增加「高波」級驅逐艦的排水量，努力提升這種多用途驅逐艦的耐波性、遠洋性、自動化及綜合作戰能力。

下圖：「高波」級驅逐艦首艦110「高波」號（圖片來源：日本海上自衛隊）

　　後續服役的「高波」級驅逐艦標準排水量增加到6300噸。在日本「九·九」艦隊所編的五艘多用途驅逐艦中，「高波」是編成裡的主力多用途驅逐艦。

　　「高波」級採取適合遠洋作戰的動力配置。它配有四台主發動機組成的復合全燃推進系統，雙軸推進，全艦合計總功率達到44.1兆瓦，可充分滿足它奔赴全球作戰的需要。它使用特殊螺旋槳以降低轉速，從而使水中噪音大幅下降，有

利於進行反潛作業。艦上還裝有功率1.5兆瓦的三部發電機，其中一部是備份系統。配電盤室兼IC室進行了重疊設計，提高戰艦的抗損性，最大限度地保證戰時被擊中後，戰艦仍能具備一定的作戰能力。

「高波」級的防空能力比「村雨」級有明顯強化。它裝備新型防空雷達，搜捕空中目標的能力大大加強。它最大武備改進是取消了Mk48垂直發射裝置，擴充了Mk41垂直發射裝置，增加了武器配備靈活性。它發射新型「海麻雀」防空飛彈，彈體增長到六米，增大了射程，還能攔截兩馬赫速度的掠海反艦飛彈。「高波」的Mk41垂直發射系統不僅能發射「魚叉」反艦飛彈，還可發射「戰斧」巡弋飛彈。

「高波」級驅逐艦最突出的特點是其擁有強大對陸打擊火力。它

下圖：「高波」級驅逐艦首艦110「高波」號（圖片來源：日本海上自衛隊）

換裝「奧托」127毫米炮與可發射巡弋飛彈的飛彈垂直發射系統。

「高波」級裝備了新型艦殼聲吶，其使用的Mk-46-5反潛魚雷增強了在淺水區對付潛艦的能力。在對付深水潛艦時，它配備的「阿斯洛克」飛彈的戰鬥部可以改為Mk50魚雷，最高水下航速能夠達到六十節。「高波」在2005年將配備SH-60K多功能反潛直升機。它裝有ISAR多模式合成孔徑雷達，能在跟蹤目標時描繪目標輪廓，具有很強的目標辨識能力。它配備反潛魚雷、深水炸彈和反艦飛彈，作戰性能也有很大提升。

整體設計

「高波」級多用途驅逐艦整體設計沿襲「村雨」級，因此整體佈局及大部分裝備都與「村雨」級相同，所以被日本方面稱為「村雨」級改進型。這是日本對未來一段時間周邊作戰環境進行評估後的決定。當然這不等於「高波」級就是「村雨」級的翻版，其內在的大量改進，幾乎可以說是全新設計的。

下圖：「高波」級驅逐艦首艦110「高波」號（圖片來源：日本海上自衛隊）

首先，「高波」級的前甲板的飛彈垂直發射系統單元數增加了一倍，因此艦體內的主要橫隔艙壁也改動了位置。全艦重新劃分了水密區域，並將「村雨」級在艦體內的飛行員休息室移至原來MK-48型飛彈垂直發射系統的位置。

其次，為了搭載機身比SH-60J長400毫米的SH-60K直升機，擴大了機庫的容積，並為將來裝備的機載反艦飛彈和反潛魚雷等彈藥預留了位置。「高波」級還重新設計了飛行員及機務員休息室，改善他們的居住的條件。

「高波」級還將桅桿上的航海雷達從艦體中心線挪到了偏右舷的位置上，在桅桿上裝有多種天線和傳感器。「村雨」級的桅桿結構十分複雜，因此「高波」級在設計中就盡量簡化桅桿的結構，雖然加裝了不少傳感器與天線，但由於採用了輕巧衍架結構，使桅桿的重量沒有大的增加。此外，「村雨」級在

下圖：「高波」級驅逐艦首艦110「高波」號的垂發系統 （圖片來源：日本海上自衛隊）

設計中強調了隱形性。為此整個上層建築向內傾斜，可以有效地減少雷達回波，降低敵方雷達的探測距離。「高波」級在保留原有設計的同時，還努力送還煙囪廢氣的紅外輻射，進一步加強隱形性能。

在「朝霧」級以前，日本海上自衛隊多用途驅逐艦的艦橋為開放式結構，從「村雨」級開始採用了「金剛」級的封完備式艦橋，這樣不但有利於佈置艦內的空調系統，便可將艦橋擴大到左右舷的邊沿，使艦橋內的空間更加寬敞。

作戰系統

「高波」級武備相對於「村雨」級的改進主要是主炮和飛彈垂直發射系統。主炮由「村雨」級使用的「奧托」62倍口徑76毫米炮改為「金剛」級上使用的「奧托」54倍口徑127毫米炮，該炮雖然重量較大，近40噸重，但射速比美國的MK-45型127毫米炮高一倍，達到了45發/分，使用非增程炮彈時，最大射程23千

下圖：「高波」級驅逐艦2號艦111「大波」號（圖片來源：日本海上自衛隊）

米，而且可以發射所有北約國家為該口徑炮研製的全部彈種。若使用激光制導炮彈或GPS制導炮彈，射程就可達117千米，圓概率誤差只有十至二十米，這將非常有利於打擊陸上點狀目標，支援登陸作戰。採用該炮之後，不僅炮彈威力大為提高，而且口徑增加之後，其採用各種制導炮的餘地也就相應增大，精確打擊能力增強。在未來的登陸戰鬥中，當前線部隊遭到點狀目標阻擊時，只要通報目標的位置，或使用激光照射器對目標進行照射，就可完成一次標準的精確打擊。制導炮彈的成本要遠遠低於各種飛彈，多艦齊射時的射速也不是遠程飛彈攻擊能夠相比的。至於垂直發射系統，「高波」級將「村雨」級上使用的MK48系統和MK41系統統一為MK41一種，佈置在前甲板主炮後位置，原先MK48平台改為了反艦飛彈發射平台。如此改進後，「海麻雀」防空飛彈和阿斯洛克反潛飛彈的配置方法就比以前要靈活許多，可以根據任務內容和對方實力等條件自由配置兩種飛彈的比例。值得

上圖：「高波」級驅逐艦2號艦111「大波」號（圖片來源：日本海上自衛隊）

一提的是，MK41垂直發射系統還可以為以後海上自衛隊裝備巡弋飛彈進行硬件上的裝備，由於日本現階段出於種種考慮不能研製這種遠程攻擊性武器，而未來戰時又很有可能要單獨遂行對遠程陸上目標的精確打擊任務，在戰時一旦需要，只能使用美國的裝備。而MK41系統，本來就可使用「戰斧」一類的巡弋

飛彈，至於前期的技術戰術訓練，則可以通過日美之間的各種聯合訓練、演練、演習和人員交流進行，這種訓練和交流是非常頻繁的。假設將來需要對朝鮮半島或其它地域的陸上目標進行攻擊，僅這一艘「高波」號，就可以攜帶二十九枚巡弋飛彈，其攻擊力相當強大。這樣也可以在戰爭初期一定程度上彌補美國海軍遠程奔襲的時間差。

和「村雨」級相比，其作戰能力變化之處包括：

反艦能力

此方面的變化主要體現在127毫米主炮上，根據二戰以來海戰的統計，3-4發127毫米炮炮彈就能夠有效毀傷1000噸級艦艇，而要達到同樣效果，至少需要20發76毫米炮炮彈。比如奧托‧布萊達127毫米炮的炮彈重32千克，而奧托‧梅萊拉76毫米炮的彈重則只有6千克，每分鐘發射彈藥重量之比為1440千克：510千克，而且127毫米炮彈可以由艦載直升機提供激光制導，對付小型艦艇時幾乎不需要動用「魚叉」或機載飛彈，即可以達到相近的精度，只是射程相對飛彈來說稍有不足。

防空及反潛能力

由於採用了MK41系統，這級艦防空和反潛能力有相當大的彈性，但是並沒有質的變化，尤其在對對方空射反艦飛彈方面。如果對方能夠擁有圖-22M「逆火」或相近性有的轟炸機，再搭配以不同種類的機載反艦飛彈，比如主動雷達制導飛彈和反輻射飛彈結合使用，是可以突破「金剛」級提供的外層防空網的。在這種情況下，「高波」級本身的兩種防空裝備「密集陣」和「海麻雀」都只能起到拾遺補缺的作用，只能依靠富士通公司製造的

下圖：「高波」級驅逐艦首艦110「高波」號（圖片來源：日本海上自衛隊）

OLT-3型電子干擾機和MK36箔條發射器進行軟對抗了。對此，日本已經把防空飛彈從AIM-7「海麻雀」更換為更先進的新型ESSM（RIM-162）飛彈。反潛能力上，據稱其艦殼聲吶屬於新型裝備，但是具體型號和性能尚未公佈，其三聯裝魚雷發射管使用的Mk46-5魚雷將MK-46系列魚雷原先的單航速制改為雙航速制，在搜索階段採用低航速，增強了在淺水區對付潛艦的能力，而且其導引頭修正信道可以確定聲吶探測的聲音是否為真正的脈衝回聲，並能夠補償消聲瓦造成的信噪比縮小現象，可以更加有效地對付裝有消聲瓦的現代潛艦。在對付深水潛艦時，「阿斯洛克」飛彈的戰鬥部可以改為Mk50魚雷，最高水下航速能夠達到五五至六十節，對日本周邊地區可預見的水下威脅都有一定的對抗能力。

下圖：「高波」級驅逐艦112「卷波」號（圖片來源：日本海上自衛隊）

「高波」級技術數據

主尺度：艦長151.0米，艦寬17.4米，舷高10.9米，吃水5.3米

排水量：4650噸（標準）/5300噸（滿載）

航速：30節

續航力：6000海里/20節

艦員編制：170名

動力裝置：全燃聯合動力方式（COGAG），2台「斯貝」SM1C型燃氣輪機，功率41630馬力；2台LM2500型燃氣輪機，功率43000馬力；雙軸；2具可調螺距螺旋槳

艦炮：1座「奧托‧不萊達」127毫米/54倍口徑艦炮；2座Mk15型「密集陣」近防炮

艦空飛彈：32單元Mk41型飛彈垂直發射系統，發射「海麻雀」艦空飛彈

反艦飛彈：2座四聯裝「魚叉」反艦飛彈發射裝置

反潛飛彈：Mk41型飛彈垂直發射系統，發射「阿斯洛克」反潛飛彈

魚雷：2座三聯裝68型魚雷發射管，發射89型（Mk46 Mod5型）魚雷

雷達：1部OPS-24型三坐標對空搜索雷達；1部OPS-28D型對海搜索雷達；2部FCS-3型火控雷達；1部OPS-20型導航雷達

聲納：1部OQS-102型低頻主/被動搜索攻擊球艏聲納；1部OQR-1型低頻被動搜索拖曳線列陣聲納

電子戰系統：NOLQ-2型寬帶電子偵察設備；NOLR-8型窄帶電子偵察設備；OLT-3型噪聲干擾機；OLT-5型欺騙式干擾機；OPN-7B型寬頻通信偵察機；OPN-11B型信號情報偵察機（用於提供超視距目標的指示）；4座Mk36型SRBOC誘餌發射器；AN/SLQ-25型"水精"拖曳魚雷誘餌

作戰指揮系統：OYQ-7型作戰指揮系統，11號數據鏈和SQQ-28型直升機數據鏈

艦載直升機：1架SH-60J型「海鷹」反潛直升機

動力裝置

「高波」級採取GOGAG的推進方式。它的四部主機分為兩種型號，機艙的佈置分左右兩舷，前方是第一機械室，為左舷推進軸系統，後方為第二機械室，為右舷推進軸系統，所以左驅動軸要比右軸長。機械室內裝有兩台主機和相應的減速系統，配置方式為第一機械室裝1、2號主機，第二機械室裝3、4號主機。其中，1、4號主機為美國通用動力公司的LM2500型燃氣輪機，單機輸出功率為12.1兆瓦，2、3號主機則為英國的羅爾斯‧羅伊斯公司的「斯貝」SM-1C型燃氣輪機，單機輸出功率為9.9兆瓦，合計全艦總率達到44.1兆瓦。由於兩種主機可以因航速高低在不同轉速下運行，加之使用大直徑斜交變距螺旋槳以降低轉速，從而使水中噪音大幅下降，有利於進行反潛作業。舵機與原有驅逐艦相同，沒有作大的改變。

艦上裝有功率1.5兆瓦的三部發電機，平時所用的電力由二部發電機即可

上圖：「高波」級驅逐艦載反艦飛彈 （圖片來源：日本海上自衛隊）

滿足，第三部是備用系統。1、2號發電機安裝在相應的第一、二機械艙，3號發電機則裝在身後部獨立設置的發電機艙。從經濟上考慮，在機艙的輔機艙中，安裝有一部600千瓦的輔助發電機，主要用於停泊時保證艦上用電。為了提高戰艦的抗損性，配電盤室兼IC室進行了重疊設計，在艦身前後各設置獨立

舷號	艦名	服役時間	所屬隊群
DD 110	高波	2003年三月12日	第一護衛隊群
DD 111	大波	2003年三月13日	第一護衛隊群
DD 112	卷波	2004年三月18日	第二護衛隊群
DD 113	漣	2005年2月16日	第四護衛隊群
DD 114	涼波	2006年2月16日	第三護衛隊群

的一套,最大限度地保證戰時被擊中後,戰艦仍能具備一定的作戰能力。

主操縱室設在艦體中央的第二層甲板上,與以往的驅逐艦一樣,這裡也兼作應急指揮室。操縱室內除主機控制台外,還設有輔機控制台與電源控制台,並設有應急監視控制系統,在這裡可以起動並控制各類輔機,監視機艙的運行情況。底艙為輔機艙,安裝有輔助鍋爐、海水淡化器、各類水泵、減搖翼等一系列輔助設備。與美艦不同,艦上浴室、空調均為由輔助鍋爐提供的蒸汽為動力。艦橋上裝有艦橋操縱系統,可以準確反映出戰艦情況與機艙情況。

綜合影響

按照海上自衛隊的編制,其機動打擊力量是護衛艦隊,護衛艦隊的主要水面艦艇力量為驅護艦編隊。護衛艦隊下屬四個護衛隊群,每個護衛隊群包括八艘軍艦,分為旗艦和三個護衛隊,每個護衛隊再

下圖:「高波」級驅逐艦首艦110「高波」號(圖片來源:日本海上自衛隊)

下轄兩至三艘同級或同類型的驅逐艦。這樣就組成了一支典型的「八·八艦隊」——一艘直升機驅逐艦、二艘防空型驅逐艦、五艘通用型驅逐艦，此前建造的九艘「村雨」級艦，使海上自衛隊的每個護衛艦隊都分到了兩至三艘帶有VLS系統的通用驅逐艦，按照「村雨」級的模式，「高波」級建造八艘左右，基本保證在每個護衛隊群再配置二艘。「高波」級作為艦隊主力的通用型驅逐艦將基本上完成全燃動力化和VLS化，新的舊「八·八艦隊」的戰鬥能力上升到一個新的層次。新的「九·十」艦隊，則更加趨於攻擊性，甚至帶著有了一定「由海到陸」的特色。

下圖：「高波」級驅逐艦2號艦111「大波」號（圖片來源：日本海上自衛隊）

052 型驅逐艦

二十世紀八〇年代後，中國海洋意識逐漸增強，開始關注南海問題，中國海軍的使命不再僅僅是守衛大陸近海，還需要深入南中國海，以爭奪逐漸被蠶食的島嶼。加強水面艦艇的防空能力迫在眉睫。但053K型護衛艦的延期服役，以及對「旅大」級驅逐艦加裝艦空飛彈的改造並不十分成功，總體上而言沒有整體提升自動化作戰能力，不能適應遠洋作戰要求，再加之「旅大」級驅逐艦的整體設計已經落後，中國海軍急需要一級新型艦艇填補空缺。

目前有兩艘052型驅逐艦在中國人民解放軍海軍服役，全部部署在北海艦隊，他們是：「哈

北約代號：「旅滬」級 Luhu Class
前型：051型驅逐艦
次型：051B型驅逐艦
數量：2
製造廠：上海滬東中華造船廠
服役：一九九四年五月

爾濱」號（舷號112）和「青島」號（舷號113）。

112艦「哈爾濱」號飛彈驅逐艦，於一九八六年由 江南造船廠開始建造，經過八年的建造、試驗，一九九二年年底試航，於一九九四年列編海軍，為中國第二代飛彈驅逐艦。二〇〇二年，「哈爾濱」號接受了現代化改裝，用鷹擊—82（C—802）換下原來的鷹擊—81（C—801）反艦飛彈，將原來的100毫米砲塔換成了隱身砲塔。

112號艦的武器裝備有反艦飛彈：八枚鷹擊—81（C—801），主動雷達尋的，0.9馬赫時射程40千米（22海里），或裝C—802，射程為

上圖：112艦的鷹擊—82反艦飛彈 （圖片來源：互聯網）

左圖和左下圖：正在全面升級改裝中的112「哈爾濱」號飛彈驅逐艦 （圖片來源：互聯網）

上圖和下圖：112「哈爾濱」號飛彈驅逐艦 （圖片來源：互聯網）

上圖和下圖：100毫米艦砲。具有雷達隱身的外形設計 （圖片來源：互聯網）

右上圖：112「哈爾濱」號飛彈驅逐艦 （圖片來源：互聯網）

上圖：112「哈爾濱」號飛彈驅逐艦
（圖片來源：互聯網）

右圖：100毫米艦砲。具有雷達隱身的外形
設計 （圖片來源：互聯網）

052型驅逐艦技術數據

艦長：144米

艦寬：16米

吃水深度：5.1米

標準排水量：4200噸

滿載排水量：4800噸

最大航速：31節

續航力：15節／4000海里

艦員：260人（其中軍官40人）

動力：MTU 12 V 1163 TB83柴油
發動機×2＋LM2500燃氣渦輪機×2

武器裝備

一座H/PJ33A式100毫米艦砲

一套八聯裝海紅旗—7型防空飛彈發射器，
連同備用彈共24枚。

四套雙聯裝鷹擊8（C—801）反艦飛彈，
共8枚；後升級為四座四聯裝鷹擊—83
（C—802A）反艦飛彈，共16枚。

四座H/PJ76A式37毫米防空砲；後換裝為
兩座730型7管30毫米近防武器系統。

兩座7424式三聯裝魚—7魚雷發射管

兩具75式（RBU—2500）240毫米12管反
潛火箭發射器

2架直—9或卡—28型直升機

電子設備

指揮和控制：ZJK—4型，整合目標捕獲、
導航、通信、信號處理和武
器控制功能

數據鏈：ＳＮＴＩ—２４０衛星通信
（SATCOM）和數據鏈

對空搜索雷達：「海鷹」和「神眼」；G波
段。

對空對海搜索：湯姆遜—CSFTSR3004
「海虎」，E/F波段

對海搜索雷達：國產ESRI，I波段。導航：
1290；I波段。

火控：347G型，I波段（用於反艦飛彈
和一百毫米砲）；2個EFR1「谷
燈」，I波段（用於「響尾蛇」防空
飛彈）。

聲納：DUBV—23（SJD—8/9）艦體
聲納，主動搜索和攻擊，中頻。
DUBV—43（ESS—1）拖曳式變深
聲納（VDS），主動攻擊，中頻

光電設備：兩套630型（GDG—775）光學
指揮儀

Type 052 Destroyer *Harbin*

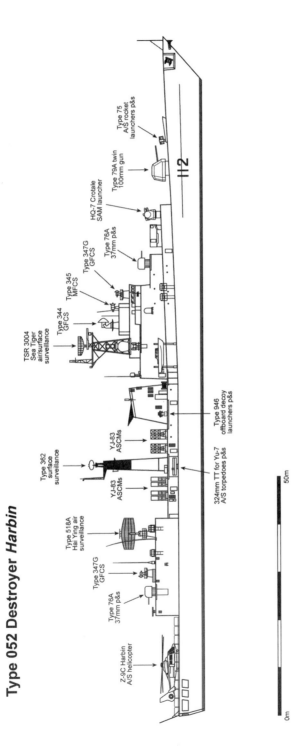

© John Jordan 2009

（圖片來源：portico）

120千米（66海里）；戰鬥部重165千克，掠海飛行。

艦空飛彈：在主砲後面裝有1座湯姆遜─CSF「響尾蛇」八聯裝發射架，備彈二十六枚，無線電指令制導；2.4馬赫時射程13千米（7海里）；戰鬥部重14千克。

火砲：一座雙管100毫米砲，85度仰角，發射率18發/分，射程22千米（12海里），彈重15千克；4座雙管37毫米砲，85度仰角，發射率180發/分，防空射程8.5千米，彈重1.42千克。

魚雷：六具324毫米「白頭」B515魚雷發射管（二座三聯裝）；A244S「白頭」魚雷，反潛，主/被動尋的，30節時射程6千米（3.3海里）；戰鬥部重34千克。

數據系統：二座SRBOC MK36 6管箔條干擾發射器；二座國產26管箔條干擾發射器。

電子支援/電子對抗：偵聽和干

下圖：112號艦橋。在外部可見其砲瞄雷達，對海與低空搜索雷達，導航雷達，光電搜索裝置，電子對抗裝置，防空飛彈制導裝置等。（圖片來源：互聯網）

上圖：112「哈爾濱」號飛彈驅逐艦上的火砲　　下圖：112「哈爾濱」號飛彈驅逐艦
　（圖片來源：互聯網)　　　　　　　　　　　　（圖片來源：互聯網)

擾機。

作戰數據系統：湯姆遜—CSF TAVITAC，主動數據控制；衛星通訊系統。

對空搜索雷達：「海鷹」（Hai Ying）或「神眼」（God Eye）；G波段。

對空／對海搜索雷達：湯姆遜—CSF TSR 3004「海虎」（Eea Tiger），E/F波段。

對海搜索雷達：國產 ESR1；I波段。

導航雷達：1290；I波段。

本面圖和對面圖：112「哈爾濱」號飛彈驅逐艦上的武器裝備　（圖片來源：互聯網)

火控雷達：347G型，I波段（用於反艦飛彈和100毫米砲）；二個EFR I「谷燈」（Rice lamp），I波段（用於37毫米砲）；湯姆遜─CSF「海狸」（Castor）II，I/J波段（用於「響尾蛇」艦空飛彈）。

聲納：艦殼聲納；主動搜索和攻擊；中頻。變深度聲納；主動攻擊，中頻。

其他：艦載機兩架哈爾濱Z─9A（「海豚」）

112艦注重反潛及反艦，由於當時中國艦載防空技術的限制，當時僅僅有「海紅旗7」一種艦載防空飛彈備選。「海紅旗7」防空飛彈最大射程僅15千米，使112艦僅具有有限的點防空能力，在防空上現在已遠遠落後於054A型護衛艦，更別說是新型驅逐艦了。所以，防空將是112艦改裝的重點。

113「青島」號飛彈驅逐艦上世紀九〇年代初開始建造，一九九六年共同開始服役於北海艦隊，分別作為艦隊指揮艦。

「旅滬」級作為中國自主設計建造的二代艦仍屬於當時立足自身實際基礎和能力同時引進並消化吸收一些國外先進技術對世界先進水準進行追趕的嘗試，亦是中國海軍水面艦隊旨在進行跨越式發展的一

下圖：112「哈爾濱」號飛彈驅逐艦 （圖片來源：互聯網)

本面圖：112「哈爾濱」號飛彈驅逐艦
（圖片來源：互聯網)

個過度型號。

從客觀來看，中國「旅滬」級首艦112「哈爾濱」號的建成服役尚不足以全面展現出二十世紀九〇年代中國在這一領域的真實能力和水準。儘管已經向世人亮相的「哈爾濱」號整體上全然是國內自行設計並且也大量採用了許多國內自行開發的先進技術，但由於在許多個重要的電子及武器系統直接採用了從國外多方引進的成套裝備，其實際上與同期乃至當今如印度、韓國等國家在這一領域所能夠做到的實質上並無大的區別。

然而當緊接著服役的113「青島」號出現在世人面前時，儘管其在整體佈局上與該級首艦「哈爾濱」號並無不同，但實際上由於採用了更多的國產系統而與之相比已有很大差異。由於建造「青島」號時採用了大量新技術、新裝備、新材料，促進了造船、冶金、機電、航天、兵器工業的發展。在一九九六年至一九九七年出版的《簡氏戰船年鑑》中有這樣一段評論中國新型飛彈驅逐艦的文字：這是給人深刻印象的一條艦，在他們的刻苦追求下，作戰能力跨前了一大步。就目前已知的資料來看，除「旅滬」級首制艦上已採用的一些國產裝備和設備外，「青島」艦主要變化包括：指揮系統採用的是由國內自行研製且性能上已超越了湯姆遜—CSF公司TAVITAC系統的ZKJ—6自動化作戰指揮系統；進而以國產363、345型對海對空搜索雷達和國產「海紅旗—7」防空飛彈替代了法國原裝的「海虎」、「海狸」

下圖：112「哈爾濱」號飛彈驅逐艦 （圖片來源：互聯網)

雷達和「海響尾蛇」防空飛彈系統等，實現了艦上對海、對空、反潛以及電子戰等全部作戰武器系統的全面自主裝備。國產電子及武器系統的大量使用更有效地解決了在首制艦上由於所謂「萬國牌」設備所導致的電磁相容性差等帶來的許多不便，在電子戰系統方面也有所改進升級。

「青島」號還改造了煙囪的設計得以能夠有效降低其雷達及紅外反射特徵，使其與「哈爾濱」號的煙囪外形有明顯區別。而「青島」號的面世更表明國內相關研究機構及生產行業已經在很短時間內即突破並掌握了多方面的國外先進技術，甚至在某些領域已有所超越。

下圖：112艦直升機起降區 （圖片來源：互聯網)

上圖：113「青島」號飛彈驅逐艦 （圖片來源：互聯網)

改裝後，「青島」號發生了重大變化：原有的雙37砲被拆除，在原機庫上方的雙37砲的位置 增加了730近防砲。主桅上所有電子/偵測設備均進行了全面更新，達到了三代艦的水平。原艦橋兩側的干擾彈發射裝置更換為十八（6x3）或二十四（6x4）聯裝型。機庫上的518型遠程警戒雷達被517型代替。原來的工作艇也換成突擊快艇。反艦飛彈仍然保持十六枚YJ—83。

換裝730近防砲，為本艦提供了可靠的近防火力，擺脫了雙37不可靠的近防的困擾。 518雷達的換裝，表明本艦已經不再擔負遠程防空警戒

核心的角色，也擺脫了518型巨大的重量和迎風面積。 突擊艇的換裝，標誌著本艦開始更多的兼顧了反海盜等任務，也標誌著中國整體海軍作戰思想的轉變。

本面圖：052型驅逐艦在二十世紀八〇年代末開始建造，一九九四年五月首艦服役。目前有兩艘052型驅逐艦在中國人民解放軍海軍服役，全部部署在北海艦隊，他們是：「哈爾濱」號（舷號112）和「青島」號（舷號113）。圖中是052型驅逐艦及艦上安裝的國產八聯裝海紅旗—7艦空飛彈發射裝置。 （圖片來源：互聯網）

「村雨」級驅逐艦

　　「村雨」級驅逐艦是日本海上自衛隊的一型採用隱身設計和垂直發射系統的驅逐艦，在武器與電子裝備方面使用了許多日本國產設備。「村雨」級驅逐艦以反潛為主，同時具有綜合作戰能力很強的多用途飛彈驅逐艦。

　　從第五艘開始的「村雨Ⅱ」型艦，主炮換裝為新型的127毫米艦炮，同時垂直發射裝置更換為MK41型通用垂直發射系統。

上圖：「村雨」級驅逐艦109「有明」號 (圖片來源:日本海上自衛隊)

下圖：「村雨」級驅逐艦首艦101「村雨」號 (圖片來源:日本海上自衛隊)

舷號	艦名	開工日期	下水日期	服役日期	母港
DD-101	村雨	1993年8月18日	1994年8月23日	1996年3月12日	橫須賀
DD-102	春雨	1994年8月11日	1995年10月16日	1997年3月24日	橫須賀
DD-103	夕立	1996年3月18日	1997年8月19日	1999年3月4日	佐世保
DD-104	霧雨	1996年3月4日	1997年8月21日	1999年3月18日	佐世保
DD-105	電	1997年5月8日	1998年9月9日	2000年3月15日	吳市
DD-106	五月雨	1997年9月11日	1998年9月24日	2000年3月21日	吳市
DD-107	雷	1998年2月25日	1999年6月24日	2001年三月14日	橫須賀
DD-108	曙	1999年10月29日	2000年9月25日	2002年三月19日	吳市
DD-109	有明	1999年5月18日	2000年10月16日	2002年三月6日	佐世保

「村雨」級技術數據

排水量：4400噸（標準）5100噸（滿載）
全長：151米全寬：17.4米
吃水：5.2米
主機：燃氣輪機聯合，雙軸，2座斯貝SMIC＋2座LM2500。
動力：60000馬力。COGAG方式。
航速：30節
艦員：170名
艦首聲納：球首聲納為主/被動OQS-5，拖弋聲納為OQR-1改進型。
飛機：1架SH-60J直升機
雷達：OPS-24對空搜索，OPS-28D對海搜索，OPS-20導航，FCS-2-31火控雷達等。

電子支援/干擾：日本國產的NOLQ-2，與美國的SLQ-32相仿。
武器裝備：
1座16單元「阿斯洛克」反潛飛彈VLS系統(MK41型);
1座16單元「海麻雀」防空飛彈VLS系統(MK48型);
2座四聯裝「魚叉」或日本國產的SSM-1B反艦飛彈;
1座單管76毫米「奧托」主炮;
2座6管20毫米「密集陣」近防炮;
2座三聯反潛魚雷發射管;
SH-60J型反潛直升機1架。

上圖:「村雨」級驅逐艦102「春雨」號 (圖片來源:日本海上自衛隊)

下圖:「村雨」級驅逐艦107「雷」號 (圖片來源:日本海上自衛隊)

本圖：「村雨」級驅逐艦105「電」號（圖片來源:日本海上自衛隊）

054型護衛艦

054型護衛艦是中國人民解放軍海軍第一代具有隱身外形和遠洋作戰能力的護衛艦。首艦「馬鞍山」號（525）於二〇〇三年九·十一日在上海滬東中華造船廠下水，於二〇〇五年二月十八日服役。二號艦「溫州」號（526）於二〇〇三年十一月三十日在廣州黃埔造船廠下水，於二〇〇六年九月二十六日服役，兩艦均入役東海艦隊。

在054型服役之前，解放軍海軍最先進的護衛艦是053H2G/H3（北約代號「江衛I/II」），這兩型護衛艦排水量小（滿排2250噸），續航力低下，外形落後，只能執行近海巡邏任務，無法滿足海軍在二十一世紀的擔任的新的戰略任務。在這一背景下，兩艘054型護衛艦作為新艦體設計的驗證型本世紀初下水，武

代號：054．北約代號：JiangkaiI「江凱I」級
艦種：護衛艦
前型：053H3型護衛艦
次型：054A型護衛艦

器裝備大致與053H3型相同，但是採取了全新設計的隱形艦體，而經過一段時間實驗後，其後續型號054A型護衛艦換裝全新武器系統，從二〇〇八年開始大規模服役。

防空力量以海紅旗─7近程點防禦防空飛彈為主，飛彈為新研製的FM─90N，全長3米，彈徑156毫米，翼展0.55米，發射重量84.5千克，最大速度2.3馬赫，射高15～5500米，最大射程10到12千米，最小射程500米，殺傷機率約70%，能攔截飛行高度5米以下的低空目標，系統反應速度6.5秒。

AK─630型CIWS，最大射速5000發/分，反應速度小於5秒，其中2坐位於中部，2套在機庫前端，他們與海紅旗─7防空飛彈構成完整的360度防空火力。

艦艏的單管100毫米艦砲類似於法國同類產品。中國人解放軍海軍曾於八〇年代引進過至少一臺該類型樣砲，並裝備於544「四平」號護衛艦使用。

該型艦隻的主要攻擊力量是兩座四聯裝鷹擊─83反艦飛彈，這也

下圖：新建成的054A還沒有舷號 （圖片來源：互聯網）

054型護衛艦技術數據	
基準排水量：3500噸	乘員：190人
滿載排水量：3900噸	艦載機：一架直—九直升機或者KA—28
全長：134米	武器裝備
全寬：16米	一門單管100毫米緊湊型艦砲
吃水：5米	四座AK—630型CIWS
動力：柴柴聯合(CODAD) 2軸4臺皮爾斯蒂	一座海紅—7防空飛彈
克16PA6V280STC型中速柴機	兩座四聯裝鷹擊—83反艦飛彈發射裝置
功率：柴油機額定總功率25600KW	兩臺三聯裝「白頭」B515魚雷發射管
最高速度：27節	兩座3200型反潛/反魚雷深彈發射裝
續航距離：3800海里（18節）	

是解放軍海軍驅護艦在二十一世紀頭十年的標準配備，該型飛彈長6.86米，翼展1.18米，彈徑0.36米，全重850千克，戰鬥部重165千克，掠海飛行高度35米，於距離目標5千米處降至距海面5—7米，最大射程150—180千米，單發命中率95%以上。

該型艦的電子設備主要使用成熟國產裝備，前桅主體頂端為一部

下圖：「溫州」號飛彈護衛艦（圖片來源：互聯網）

363S型E/F頻對海對空二坐標搜索雷達，對戰鬥機的探測距離為150千米，對掠海反艦飛彈作用距離50千米，探測高度達10000米。前桅桿前方設有一個平臺，上面設置兩具射控雷達，其中位置較前的是控制艦砲與反艦飛彈的344型（MR—34）光電/雷達射控系統，其後為導引海紅旗—7飛彈的345（MR—35）型照明雷達，每次只能導引一枚紅旗—7飛彈接戰。

前桅桿還上設有兩座Racal Decca 1229 I頻導航雷達。後桅頂端的球形護罩內設有346型X頻2D對空/對海搜索雷達。此外，直升機庫上方設有一座導控四座AK—630CIWS的347G I/K頻射控雷達。

反潛方面，該型裝備有一部球鼻艏聲納，但無拖曳聲納。反潛火力主要有艦艏的兩座六聯裝反潛深彈發射器，艦體中部的兩座三聯裝7424型324毫米魚雷發射器和搭載的直九型直升機。另外，鷹擊—83飛彈發射裝置可以更換安裝反潛飛彈。

作戰系統方面，使用新開發的JRSCCS作戰系統，採用開放式以及

全分散架構，用二重Ethernet架構的
艦內網絡與各次系統相連，整合度
高，具有動態重組能力；此外，和
其他新服役的驅護艦一樣，054型裝
備HN－900的數據鏈，與海洋或者空
中的各種數據平臺交流數據。

　　二〇〇八年十月十四日，東海
艦隊「現代」級「泰州」號驅逐艦
和054型「馬鞍山」號護衛艦訪問俄
羅斯海參崴，與俄羅斯太平洋艦隊
艦艇舉行了聯合軍事演習。

　　二〇〇九年十月三十日，東海
艦隊525艦「馬鞍山」號，526艦「溫
州」號從浙江舟山出發，與正在索
馬裡海域的補給艦886艦「千島湖」
號匯合組成第四批護航編隊執行護
航任務。525艦和526是054型護衛艦
僅有的兩艘。

上圖：054護衛艦發射反潛火箭彈　（圖片來
源：互聯網）

上圖：054護衛艦雷達　（圖片來源：互聯網）

序號	舷號	艦名	船廠	下水時間	服役時間	所屬艦隊
1	525	馬鞍	山滬東	2003年9月11日	2005年2月18日	東海艦隊
2	526	溫州	黃埔	2003年11月6日	2005年9月26日	東海艦隊

054A 型護衛艦

054A型護衛艦是中國人民解放軍海軍最新型的護衛艦等級，北約代號「江凱II」級，目前有10艘在役，不少於三艘在建，前級的054型護衛艦（北約稱「江凱I」級）有2艘在役。首艦「徐州」號（530）於二〇〇六年九月三十日在廣州黃埔造船廠下水，二〇〇八年進入現役。艦身設計與054型護衛艦相仿，然而其火力等方面卻要遠強於054型護衛艦，為中國人民解放軍海軍裝備的第一種區域防空型護衛艦。該艦使用了自行設計的的382型三坐標平面

下圖：530艦「徐州」號（圖片來源：互聯網）

艦種：護衛艦
代號：054A，北約代號：Jiangkai II（江凱II級）
前型：054型
數量：16
製造廠：上海滬東造船廠
廣州：黃埔造船廠
下水：二〇〇六年
服役：二〇〇八年
現況：現役

雷達，擁有三十二單元垂直發射系統，其使用的海紅旗－16是引進消化俄羅斯技術，參照3K9地對空飛彈，北約代號SA－N－7，隨「現代」級驅逐艦一起引進，而自行發展的國產艦空飛彈系統，據稱海紅旗－16有效射程超過60千米，有效射高10－

25000米，單發命中機率0.75—0.98，反應時間3~5秒，彈長5.5米，彈徑0.34米，彈重約680千克，戰鬥部重約65千克。

自二〇〇八年底，解放軍海軍參加索馬裡護航任務。自二〇〇九年上半年開始，054A型護衛艦開始參加編隊護航任務。

054A型護衛艦技術數據

艦長：134米

艦寬：16米

滿載排水量：4053噸

最大航速：27節

最大航程：18節8600海里 (估計)

人員編制：165人

動力：柴柴聯合（CODAD），4臺許可生產法制皮爾斯蒂克（SEMT Pielstick）16PA6V280STC柴油機，每臺6400千瓦採用雙層筏裝置減震。

推進：雙軸雙槳雙舵，新型5葉可調距大側斜低速螺槳

雷達電子系統：

國產382型一九八七年研製的381型升級型號Sea Eagle C—B的雙面升級型，三坐標平面雷達；4座仿俄MR90 345型艦載SAM火控雷達，用於紅旗16艦空飛彈末端目標照射；

344型艦載火控雷達（反艦飛彈照射雷達）

360型空中/地面搜索雷達

347G型艦載火控雷達（76毫米主砲）

346G球型環境搜索雷達

2 x Decca Radar|Racal RM—1290 導航

雷達，I波段

922—1型雷達預警接收器

SJD—9（307型）中頻艦殼主/被動聲納系統

TSAS—1（206型）數字式低頻被動拖曳數組聲納

HZ—100 電子對抗系統（Electronic countermeasures|ECM）

ZKJ—4B/6 戰術數據處理系統(Thomson—CSF TAVITAC的國產型)

HN—900 數據鏈路 (相當於Link 11 A/B)

SNTI—240 SATCOM衛星通訊裝置

武器：

4 x 8單元紅旗16(HQ—16)艦空飛彈艦載垂直發射系統

1 x 仿俄AK—176，H/PJ76 76 毫米主砲，射程17千米，射速130發/min

2 x H/PJ12型730型近程防禦武器系統

2 x 4聯裝YJ—83反艦飛彈發射架

2 x 3管324毫米魚 - 7輕型反潛魚雷發射裝置

2 x 87式6管反潛火箭深彈發射裝置

2 x 726—4型18管艦載干擾彈火箭發射砲

1 x 卡—28反潛直升機或直—9反潛直升機

二〇〇九年四月二日，中國人民解放軍海軍一艘054A型護衛艦，570艦「黃山」號與一艘051B型驅逐艦，167艦「深圳」號）組成護航編隊赴索馬裡海域執行護航任務.

二〇〇九年四月二十八日，第六艘054A型護衛艦在上海滬東造船廠下水。對比第一批054A該型艦艉內折，類似054型，不同於054A早期型號的外飄艦艏。

二〇〇九年七月十六日，東海艦隊529艦「舟山」號，530艦「徐州」號與補給艦886艦「千島湖」號組成第三批護航編隊前往索馬裡海域執行護航任務。529艦和530艦都是054A型護衛艦。

二〇〇九年十一月十七日，第七艘054A型護衛艦在廣州黃埔造船廠下水。

二〇〇九年十二月二十一日，

序號	舷號	艦名	建造船廠	下水時間	服役時間	所屬艦隊
1	530	「徐州」號	滬東中華造船廠	2006.09	2008.01	東海艦隊
2	529	「舟山」號	廣州黃埔造船廠	2006.12	2008.01	東海艦隊
3	570	「黃山」號	廣州黃埔造船廠	2007.03	2008.05	南海艦隊
4	568	「巢湖」號	滬東中華造船廠	2007.05	2008.06	南海艦隊
5	571	「運城」號	廣州黃埔造船廠	2009.02	2009.10	南海艦隊
6	569	「玉林」號	滬東中華造船廠	2009.04	2010.02	南海艦隊
7	548	「益陽」號	滬東中華造船廠	2009.11	2010.10	東海艦隊
8	549	「常州」號	廣州黃埔造船廠	2010.05	2011.04	東海艦隊
9	538	「煙臺」號	廣州黃埔造船廠	2010.08	2011.05	北海艦隊
10	546	「鹽城」號	滬東中華造船廠	2011.04		北海艦隊
11	550	「蘇州」號	廣州黃埔造船廠	2011.10		北海艦隊
12	547	「臨沂」號	滬東中華造船廠	2011.12		北海艦隊
13	572	「岳陽」號	廣州黃埔造船廠	2012.9		南海艦隊
14	573	「柳州」號	滬東中華造船廠	2011.12		南海艦隊
15	574	「邵陽」號	滬東中華造船廠	2012.3		南海艦隊
16	575	「欽州」號	滬東中華造船廠	2012.10		南海艦隊

下圖：「巢湖」號（568）飛彈護衛艦（圖　　　　上圖：530艦「徐州」號　（圖片來源：互聯
片來源：互聯網）　　　　　　　　　　　　網）

054A型568飛彈護衛艦「巢湖」號抵達亞丁灣海域,與第四批護航編隊的054型525艦「馬鞍山」號,526艦「溫州」號會合,開始執行護航任務。至此,所有當時在役的四艘054A型護衛艦均參加了亞丁灣的護航行動。

二〇一一年三月一日,「徐州號」飛彈護衛艦與搭乘2142名從利比亞撤離的中國平民的希臘籍商船「衛尼澤洛斯」號在地中海會合,實施中國海軍史上首次海外撤僑護航任務。

下圖:530艦「徐州」號(圖片來源:互聯網)

多聯裝的反艦飛彈

令感興趣的是,用於控制這4座AK—630M艦砲的火控雷達並不是俄原來的MR—123型雷達(西方稱其為「低音帳篷」),而是國產的TR—47C型火控雷達。該雷達是二代艦上的標準裝備,對0.1平方米空中目標的探測距離為8千米,具有火力分配功能,並有光電探測器(電視、紅外、激光)作為輔助探測手段,具有較強的抗電子干擾能力。以前該雷達主要用來對國產76A雙37毫米艦砲進行控制,如今用來對AK—630M進行控制,這也許說明已解決了兩

者之間的互聯互通及與其他探測系統、作戰指揮系統的兼容性問題。更主要的是，TR—47C型火控雷達的探測精度、控制能力及抗干擾能力均要比MR—123型雷達高，這可在一定程度上彌補AK—630M彈道精度不高的弱點，充分發揮AK—630M射速高、火力密集的優勢。

上圖和下圖：「舟山」號飛彈護衛艦 （圖片來源：互聯網）

「秋月」級驅逐艦

從二戰開始，日本前後共建造三代「秋月」級驅逐艦。

初代「秋月」級驅逐艦是日本帝國海軍在二戰中為保護免受來自空中攻擊的一等驅逐艦，按日本當時的驅逐艦劃分屬於「乙型驅逐艦」（防空艦），也是二戰中唯一的一級乙型驅逐艦。總共建造13艘。

二戰後日本為了反潛需要，於上世紀五十年代繼「春風」級後又

下圖：測試中的「秋月」級首艦 115「秋月」號（圖片來源:日本海上自衛隊）

開始第二代「秋月」級驅逐艦的建設，該型艦總共建造兩艘。

在二〇〇七年，為了滿足「初雪」級驅逐艦退役的空缺，日本又開始第三代「秋月」級驅逐艦的建設，已經下水四艘。

第三代「秋月」級驅逐艦

第三代「秋月」級驅逐艦是日本海上自衛隊最新建造的多用途驅逐艦。由於其首艦預算通過年度為平成十九年（即二〇〇七年），因此被稱為「19DD」.其首艦「秋月」號於二〇一〇年十月下水。

「秋月」級護衛艦的定位除了傳統驅逐艦與巡防艦的任務外，如何替補搜索系統的缺口為其設計要點，海上自衛隊對其定位為「具備一定能力之搜索能力，可在必要時填補「宙斯盾」艦之防空缺口的強力泛用驅逐艦」。

新一代的「秋月」號最引人注目的地方就是配備了日本版的宙斯盾系統（先進技術戰鬥系統），這是日本在艦載武器系統領域取得一個決定性的突破。根據日本海自一貫的「示弱」傳統，19DD被稱為「平成十九年度護衛艦」，實際上其滿載排水量為6800噸，可以說是不折不扣的驅逐艦。19DD配備的先進技術戰鬥系統-ATECS包括先進戰鬥指揮系統-ACDS、改進3型火控系統-FCS-3改、綜合反潛系統-AWSCS、電子戰控制系統-EWCS等組成，系統商規標準的UYQ-70顯控台，各分系統採用光纖為介質數據總線進行有機相聯，形成全艦的綜合武器系統，協同實施防空、反艦、反潛及電子戰，19DD最明顯的

下圖：「秋月」級4號艦 118「冬月」號二〇一二年八月22日下水（圖片來源:日本海上自衛隊）

標誌就是配備的FCS-3型有源相控陣雷達。

低空目標探測能力增強

FCS-3型有源相控陣雷達安裝方式與宙斯盾相同，採用四片式安裝在上層建築上面，達到了對周圍的全向覆蓋，能夠有效的對付飽和攻擊。資料顯示FCS-3的天線陣面尺寸為1.6×1.6米，陣元為1600個T/R模塊，最大探測距離為200千米，可以

下圖：測試中的「秋月」級首艦 115「秋月」號（圖片來源：日本海上自衛隊）

同時掌握三百個目標，從這些指標來看FCS-3天線的陣元數量大約相當於OPS-24的一半，因此其重量肯定要小於OPS-24，這樣意味著FCS-3可以裝備到較高的地方，從而擴大艦艇水天線的範圍，從擴展艦空飛彈的攔擊線。

抗飽和攻擊能力超過「伯克」級

19DD配備的是「海麻雀」艦空飛彈，「海麻雀」採用的是指令加中繼慣導加末段半主動雷達制導的

復合制導方式，需要末段制導雷達的照射，而FCS-3採用C波段無法為其提供照射，所以日本採用在C波段陣面下增加一個X波段照射陣面的辦法來解決這個問題，這個X波段照射陣面直接來源於日本F-2戰鬥機上面的J/APG-1有源相控陣雷達，採用相控陣照射天線陣面最大的好處就是提高19DD對付多目標的能力，從而大大提高抗擊反艦飛彈飽和攻擊能力。

傳統的「宙斯盾」戰艦如美國的「伯克」級雖然可以同時攻擊十二個目標，但是其艦空飛彈照射雷達AN/SPG-62卻同時只能照射一個目標，必須通過機械轉動才能照射第二個目標，因此降低了系統的反應速度，尤其是特定的方向上，「伯克」級的AN/SPG-62採用前一後二的佈置方式，因此在艦首方向起作用的只有一部雷達，因此向此方向來襲飛彈超過四枚的時候，可能就會超過雷達的能力。

下圖：測試中的「秋月」級首艦 115「秋月」號（圖片來源：日本海上自衛隊）

下圖：「秋月」級首艦115「秋月」號裝備的日產先進雷達（圖片來源：日本海上自衛隊）

　　而採用相控陣照射陣面可以利用相控陣電子掃瞄的優點，可以迅速的在多個目標間轉移波束，或者同時照射多個目標，從而可以提供多個火力通道，攻擊多個目標，這樣就大大提高系統對付多目標的能力，特別是可以方便的增加天線的陣元，從而提高天線的照射功率，這樣就可以為遠程艦空飛彈如標準2MR提供照射，配合FCS-3的較強的探測能力，就可以方便的讓19DD具備中遠程防空火力。

舷號	艦名	開工日期	下水日期	服役日期	母港
DD115	「秋月」號（19DD）	2009年	2010年	2012年	三菱重工‧長崎造船廠
DD116	20DD	2010年	2011年	2013年	三菱重工‧長崎造船廠
DD117	21DD	2011年	2012年	2014年	三菱重工‧長崎造船廠
DD118	「冬月」號（22DD）	2011年	2012年	2014年	三井造船‧玉野事業所

「秋月」級技術數據

標準排水量：5000噸
滿載排水量：6800噸
全長：150.5 米
全寬：18.3 米
型深：10.9 米
吃水：5.3 米
鍋爐：4座勞斯萊斯SM1C燃氣渦輪發動機
動力：COGAG聯合動力裝置，雙軸推進
功率：64000匹（PS）
最高速度：30 節
乘員：約200 人
艦載機：2架UH-60K黑鷹直升機或1架
　　　　MCH-101掃雷直升機
武器裝備：
Mk 45 mod4一門

4連裝90式反艦飛彈發射管兩具
Mk 41四組32管
CIWS兩門
HOS-303三連裝發射管兩具
射控裝置：FCS-3A火力射控系統
　　　　　海軍戰術資料鏈（OYQ-11
　　　　　戰術情報處理系統，搭配
　　　　　Link11/14/16資料煉）
偵搜設備：FCS-3A雷達
　　　　　OPS-20C水面雷達
　　　　　OQQ-22整合聲納系統（艦首聲
　　　　　納+OQR-3拖曳陣列聲納）
電戰系統：NOLQ-3電戰系統
　　　　　Mk 36 SRBOC

上圖：「春潮」級（圖片來源：日本海上自衛隊）

Chapter 5
潛艦部隊

「親潮」級常規潛艦

日本上自衛隊按照「日本防衛計劃大綱」要求，將常年維持一支由十六艘潛艦組成的潛艦部隊，基本上按照每年退役一艘、服役一艘的方式進行新舊潛艦的換代行動。「親潮」級目前是日本次新型的潛艦，採用長水滴型，有良好的流線型，採用NS110高強度鋼耐壓艇體，並有很好的靜音性，首艇一九九〇年服役。

「親潮」級被視作「春潮」級的改良型，為海上自衛隊的第三代潛艦。該艇沿襲了日本潛艦慣用的淚滴式艇身設計，但與「春潮」級和「夕潮」級的復殼式艇身結構不同，「親潮」級改採最新的單殼、復殼並用復合結構，其艇身中央的耐壓船殼裸露，並且艇身的構型也不若以往圓滑，艇身的排水口大幅減少。「親潮」級的最大安全潛深應該會超過「春潮」級的350米。

「親潮」級潛艦的帆罩和艇身大量加裝格狀的水中消音瓦，這是日本潛艦首度採用這項先進技術，

上圖：「親潮」級潛艦（圖片來源：日本海上自衛隊）

上圖：「親潮」級潛艦（圖片來源：日本海上自衛隊）

下圖：「持潮」號（圖片來源：日本海上自衛隊）

可大幅提升該潛艦的水中隱匿性。柴電潛艦加裝水中消音瓦可以以俄制「基洛」級作為代表,消音瓦通常是由橡膠材料製造,以粘合劑與艇體接合併用螺釘固化,先進消音瓦的消音係數可達到0.9以上,能降低敵方主動聲納的探測能力百分之五十至百分之七十五。此外,配合「春潮」級開始使用的減震合金製七葉推進槳,使得「親潮」級的靜音性極佳,象徵著日本潛艦的隱匿性將跨上一個新的台階。

「親潮」級的魚雷發射管設置方式也與以往的日本潛艦不同,雖然魚雷室仍設置在艇身中段,但以往是將六座魚雷發射管以上下並列方式從前段艇身兩側突出,「親潮」級的發射管則向艇首前移,兩側發射管各以一前兩後方式配置,並且是從艦體中心朝外斜向發射。武器系統部份則維持不變,艇內共裝備二十枚魚雷和飛彈,包括最大射程38至50千米的89式線導魚雷和潛射式魚叉反艦飛彈,其中魚叉飛彈的最大射程可達130千米;而89式是日本版的Mk48型魚雷,為一種最大潛深900米的線導魚雷,都是日本潛艦的標準武器。

「親潮」級的射控和動力系統自動化程度進一步提高,僅配備70名官兵操作,它的聲吶感測系統應與春潮級相同,配備有艇舶聲納和置於其上方的被動聲吶裝備。「親潮」級的射控系統、通訊裝備和電子戰裝備應該有若干程度的提升,搭配最先進的ZYQ-3型戰鬥情報處理系統,可同時導控六枚線導魚雷接戰。

日本是一個傳統的潛艦技術國家,二戰之前和之中曾建造過六十艘潛艦。戰後從五十年代中期開始恢復潛艦研製能力,一九六〇年以來平均每隔六年左右推出一級常規潛艦,以此追求在役潛艦的技術先進性,並逐步向大排水量方向發展。九十年代初日本在建造「春潮」級的同時便著手研製下一代潛艦,首先推出的是「春潮」級的改進型。「春潮」級的改進型艇長增加了一米,水面和水下排水量增大了100噸,並作為「春潮」級的第七艘「朝潮」(Asashio)號,於

一九九二年開工建造，一九九七年服役。日本海上自衛隊認為「春潮」級改進型的改進幅度還達不到預想的結果，因此提出建造排水量更大的新一級潛艦的計劃，即與其二戰之後建造的第一艘潛艦「親潮」號同名的「親潮」（Oyashio）級建造計劃，以替代即將陸續退役的「夕潮」級潛艦，以便在二十一世紀初繼續保留十六艘常規潛艦的兵力水平。一九九三財年「親潮」級建造計劃得到批准，擬建八艘，從一九九四年開始，以每年一艘的速度投建，並從一九九八年開始以每年一艘的速度服役。

該級艇由承擔「春潮」級建造任務的三菱重工和川崎重工兩家船廠承擔，單艇造價約五億美元。與日本其他武器裝備一樣，由於受到嚴格的出口禁止，「親潮」級將只供裝備日本海上自衛隊。

「親潮」級是用於遠洋作戰的多功能潛艦，可以遂行反艦、反潛、佈雷等多項使命。

「親潮」級潛艦的主尺度為：艇體長81.7米，寬8.9米，吃水7.9米。水面排水量2700噸，水下排水量4000噸。水上航速12節，水下航速20節。艇員編制69人（其中10名軍官）。下潛深度估計可達500米。

該級艇採用單軸柴電推進方式。主機為兩台川崎公司的12V25S柴油機，功率4100千瓦；兩台川崎公司的交流發電機，功率3700千瓦；兩台富士公司的電動機，功率5700千瓦。該級潛艦的主要武器裝備是位於首部聲吶艙上部的六具533魚雷發射管，用於發射日本的89型線導魚雷和美國麥道公司的「魚叉」潛射反艦飛彈。89型魚雷採用主/被動尋的方式，速度為40/55節時航程為50/38千米，戰鬥部重267千克。麥道公司的「魚叉」潛射反艦飛彈屬改進型，採用主動雷達尋的，速度為0.9馬赫，射程130千米，戰鬥部重227千克。該級艇共攜帶二十枚飛彈和魚雷。

該級艇裝備SMCS型火控系統。對抗措施採用ZLR7型雷達預警設備。雷達採用日本無線電公司的ZPS6對海搜索雷達。聲吶包括休斯/沖電公司的ZQQ5B/6艦殼聲吶和舷側

陣列聲呐，主/被動搜索和攻擊，中/低頻，並裝備仿製美國彈道飛彈核潛艦上使用的類似於BQR15的ZQR1型被動搜索拖曳線列陣聲呐，甚低頻。

「親潮」級是日本二戰之後自研自建的第七級潛艦，也日本最新一級多功能常規攻擊型潛艦。它是日本積四十多年持續不斷研製建造潛艦之經驗、瞄準國際先進技術水平而推出的新一代海軍武器裝備，主要特點是：

採用新艇型。日本二戰之後建造的前六級潛艦一直沿用由美國「大青花魚」號潛艦發展而來的水滴形艇型，長寬比保持在7.2~7.7之間。「親潮」級較之前幾級潛艦艇型變化較大，它加長了艇長，縮小了直徑，使長寬比達到9：1，成為一種長水滴型外形。「親潮」級由於縮小了直徑，為不影響內部水密容積的可利用率，僅在首、尾段採用了雙殼體結構，這也是與以往潛艦重要的不同之處。此外，「春潮」級及之前的日本潛艦指揮台圍殼前後均為直緣，而「親潮」則採用了

上圖：「親潮」級潛艦（圖片來源：日本海上自衛隊）

前後斜緣（即側輪廓上窄下寬）形式。

首次裝備舷側陣聲呐。「親潮」級是日本首級裝備舷側陣聲呐的潛艦。隨著現代潛艦噪聲的大幅度降低，改進探潛能力成為提高攻擊型潛艦作戰能力的一個重要方面。為此日本建造「春潮」級潛艦時便將提高水下探測能力作為一個重要目標，在艇上安裝了拖曳線列陣聲呐，並從八十年代末開始在原有的「夕潮」級上加裝了拖曳線列陣聲呐。但這類聲呐對目標的定位能力差，模糊性大，因此日本在決定建造「親潮」級潛艦時，瞄準水下探測能力的國際先進水平，確定在該級艇上裝備舷側陣聲呐。由於

基陣排列對長度有一定的要求，使得「親潮」級艇體長寬比加大。據報道，「親潮」級上安裝的舷側陣類似於美國的寬孔徑陣，呈曲面排列而非平直排列。

　　隱身性能好。「親潮」級除了繼承和改進「春潮」級的全部隱身措施（如敷設消聲瓦，採用減振浮筏，採用七葉大側斜螺旋槳等）

外，還採取了新的隱身措施，如更大範圍使用NS110超高強度鋼材，增加了下潛深度，從而使隱蔽性更強；對殼體的甲板部分、指揮台圍殼重新進行了設計，改善了線型，降低了流體噪聲。

　　攻擊能力強。「親潮」級的武器配置與「春潮」級相同。89型線導魚雷和「魚叉」反艦飛彈都屬世界上最先進的武器之列，加之由於舷側陣聲吶與艇殼聲吶及拖曳線列陣

下圖：「持潮」號（圖片來源：日本海上自衛隊）

聲吶一起構成了完整而先進的水下綜合探測系統，提高了遠程探測與精確定位能力，從而增強了武器的使用效能。

自動化程度高。「親潮」級較「春潮」級排水量增加，但艇員數量卻減少了百分之七，這表明該艇自動化程度有所提高。

「親潮」級潛艦滿載排水量達4000噸，是目前世界上在役和在建的大排水量常規潛艦之一，也是世界上最先進的常規潛艦之一。它既適合於在日本這個多島之國的水域執行巡邏警戒任務，也適合於遠海作戰。大幅度提高潛艦性能，是日本海上自衛隊一貫追求的目標。但限於多種原因，日本至今與核潛艦無緣。不過早在建造「春潮」級的同時，日本就把提高潛艦作戰能力的重點放在使用AIP系統方面，為此不僅本國花大力氣研究燃料電池推進技術，而且在一九九五年之前分兩次向瑞典考庫姆公司購進了兩台斯特林發動機，準備與國外合作研製潛艦AIP推進系統。雖然從目前進度看，「親潮」級不可能裝備AIP系統，但由於日本今後的新型潛艦研製速度可能放慢，因此不排除通過「親潮」級的改裝加裝這種推進系統。

舷號	艦名	開工日期	下水日期	服役日期	製造商
SS-590	親潮	1994年1月26日	1996年10月15日	1998年3月16日	川崎造船
SS-591	滿潮	1995年2月16日	1997年9月18日	1999年3月10日	三菱重工
SS-592	渦潮	1996年3月6日	1998年10月15日	2000年3月9日	川崎造船
SS-593	卷潮	1997年3月26日	1999年9月22日	2001年3月26日	三菱重工
SS-594	磯潮	1998年3月9日	2000年11月27日	2002年3月14日	川崎造船
SS-595	鳴潮	1999年4月2日	2001年10月4日	2003年3月3日	三菱重工
SS-596	黑潮	2000年3月27日	2002年10月23日	2004年3月8日	川崎造船
SS-597	高潮	2001年1月30日	2003年10月1日	2005年3月9日	三菱重工
SS-598	八重潮	2002年1月15日	2004年11月4日	2006年3月9日	川崎造船
SS-599	瀨戶潮	2003年1月23日	2005年10月5日	2007年2月28日	三菱重工
SS-600	持潮	2004年2月23日	2006年11月6日	2008年三月6日	川崎造船

039 型常規動力潛艦

039型常規動力潛艦（北約代號：「宋」級），為中國海軍開發設計建造的第二代常規動力潛艦。039型潛艦在研製過程中充分吸收西方常規潛艦的新概念，大量採用新型動力、自動化設備、聲納和武器裝備。其作戰能力基本與俄制「基洛」級持平，超越德國二十世紀八〇年代水平的209潛艦。

039型常規動力潛艦，由中國艦船研究設計中心研製，武昌造船廠建造。總設計師為李連有。

039型潛艦項目研製時間始於二十世紀八〇年代中後期，039的線型選用了同時期西方常規潛艦普遍採用的過渡型艇型，與當時西方主流常規潛艦如德國的209、法國的阿哥斯塔、義大利的薩烏羅等線型相同。艏部型式也採用了和209型、阿哥斯塔相同的過渡型艏（俗稱鯨艏），艏柱直立，艏部線型較豐滿，滿足了艏部上下佈置較大體積的聲吶設備要求。艏舵為中國在核動力潛艦上已使用的圍殼舵，尾部採用水滴線型的軸對稱回轉體錐尾，單軸單螺旋槳推進形式，尾舵為十字型尾操縱面。

這樣的線型方案，讓039型潛艦在水面航渡與通氣管狀態航行時，

下圖：039型常規動力潛艦　（圖片來源：互聯網）

能夠降低興波阻力，獲得與033、035等常規線形潛艦相同的水面航行性能。在水下航行時則比033、035型採用的常規線型具備更低的航行阻力，有效提高了水下航速。039尾部採用錐尾單軸單槳十字舵佈置方案，改善了033、035等老型號潛艦採用的多軸多槳水面艦船型尾水下阻力值大、噪聲水平高、推進效率差的弊病。039型還採用了西方先進潛艦使用的大側斜七葉螺旋槳，大大降低了潛艦水下螺旋槳空化噪音，提高了潛艦靜音航速。

039型的動力系統引進德國MTU公司生產的396SE84型先進柴油發電

下圖：039型常規動力潛艦 。（圖片來源：互聯網）

上圖：039型常規動力潛艦 。（圖片來源：互聯網）

機與配套技術並在陝西柴油機廠實現了國產化。這也讓039型潛艦獲得了世界最先進的潛艦動力系統。

動力形式一改早期潛艦採用的直接傳動方式，用電力傳動形式。改變了早期潛艦使用中低速柴油機帶來的低頻噪聲重的問題，大大改善了常規潛艦動力噪聲水平。

039首艇320號於一九九四左右下水，承擔的試驗任務。在二〇〇〇年前後，通過設計定型，進入到批

量建造階段。

039型潛艦配套的新型綜合聲吶、噪聲測距聲吶、偵察聲吶、雷達、光電潛望鏡，電子對抗，先進通信系統的研製裝備，也大大提高了039型艦的觀察搜索與情報通聯能力。

039型艦的自動化水平較高。艙內眾多的顯示設備表明039型艦一改早期常規型艇分散顯示、分散控制的落後指揮控制模式，改為集中顯示集中控制形式，大大提高了對目標的偵測、識別、跟蹤、攻擊等能力。

039型潛艦在設計中還注重降低整艇噪聲水平，在動力機組上使

下圖：039型常規動力潛艦。（圖片來源：互聯網）

上圖：039型常規動力潛艦。（圖片來源：互聯網）

用了減震浮閥技術，降低了動力噪聲水平。在尾部推進系統上摒棄落後的常規型潛艦多軸多槳的佈局方式，採用水滴型潛艦的回轉體錐尾，與單軸單槳十字舵形式，具有了更好的推進效率，配合七葉大側斜螺旋槳的使用，提高了靜音航行速度，降低了螺旋槳空化噪音。而在艇體表面敷設的消聲瓦，對於降低艇內噪音向外傳遞，削弱對方主動聲吶聲波反射強度，起到了重要的作用。

039型裝備六具魚雷發射管，兩具液壓平衡魚雷發射系統，配備魚—6熱動力線導（具備主被動聲自

動、與尾流自導能力）魚雷和魚—
3乙改進型電動力魚雷，還配備鷹
擊—82型潛射反艦飛彈。

上圖：039型常規動力潛艦潛射飛彈
（圖片來源：互聯網）

下圖：039型潛艦能夠從水下發射鷹擊系列
反艦飛彈，並且可以多艘潛艦齊射。C801的
射程為45千米，戰鬥部重量165千克；C802
的射程超過一百千米，使「宋」級具備了超
視距打擊水面艦艇的能力。（圖片來源：互
聯網）

上圖：039型常規動力潛艦
（圖片來源：互聯網）

039A/041/1/「元」級常規動力潛艦

中國「元」級潛艦自露面以來，就引起了世界各國的關注。「元」級潛艦作為中國最新一級的常規潛艦，無論在外形特徵、降噪措施還是指揮系統，都代表了中國當前常規潛艦的最新技術。

「元」級潛艦在中國常規潛艦中第一次採用了水滴形艇體，水滴形艦體是目前所有艇形中水下阻力最小的艦形。採用這種艦形，可顯著減小潛艦的水下航行阻力，提高潛艦的水下航行性能，又可大大降低潛艦水下航行產生的噪音，顯著改善潛艦的隱蔽性能。

另外，「元」級潛艦的圍殼與以前中國的其他型潛艦相比，不但高度顯著降低，而且外形和適航性大大提高。這種同樣也是水滴形的圍殼，從整體上來看，較豐滿的圍殼與短粗的艇身配合起來，即美觀又阻力小。因此，「元」級應該是中國已服役的常規潛艦中，適航性和耐波性最好的潛艦。

在降噪措施上，「元」級潛艦幾乎整個艇外殼都覆蓋了橡膠消音膠板。潛艦外殼覆設隔音膠板後，即可削弱潛艦自身機械傳動產生的噪音向艇外輻射，也可大大降低敵方主、被動探測聲納的搜獲距離和

左圖和上圖：「元」級潛艦的水滴線型艦部圓鈍，艦部空間充裕，艦艏上部用於布置六具魚雷發射管後，艦艏下部還有較大空間安置聲吶基陣。因此「元」級潛艦在艦部可以布置體積大、發射功率高、空間增益好、工作頻率低、探測距離更遠的新型綜合聲吶，大大提高了「元」級潛艦的搜索與跟蹤距離。（圖片來源：互聯網）

搜獲幾率。因此可以斷定，「元」級潛艦是中國國產現役潛艦中，外形最隱形也就是隱身性能最好的常規潛艦。

此外，根據獲得的情報分析，「元」級已經採用了低轉速大扭矩柴油機和新型減震浮伐技術。使用低轉速大扭矩柴油機，可以顯著降低由發動機而產生的機械噪音。潛艦發動機和減速機這兩個最大的噪聲源都裝在消振浮座上，潛艦發動機和減速機與消振浮座之間用彈性專用消振墊隔離，消振浮座用液壓彈性聯結吊掛在艇體上，這樣，艇內噪聲源所產生的噪音就無法直接傳向艇體。

在加上「元」級使用了七葉高彎角大側斜螺旋槳，使得該艦的推進效率大大提高，由螺旋槳產生的噪音大大降低，也大大減少了由螺旋槳產生的氣泡量，減少了暴露的幾率。由此，「元」級潛艦的消音鏈就形成了發動機和減速機——消音彈性墊——消音浮座——液壓彈性吊掛系統——推進螺旋槳——消音橡膠板五層消音措施，「元」級

的靜音效果是中國國產潛艦中最好的。

「元」級的電子系統基本使用的是新「宋改」（039A）的，有艦艏艦殼中頻主、被動攻擊聲納，舷側低頻被動偵聽聲納陣，改良自法國的DUUX－5型拖曳陣列偵聽聲納（用於遠程反潛093曾用過法國原型）。這些聲納在新「宋改」上已經試用技術成熟、經改進後裝在「元」級上無技術風險。「元」級的主電腦是國產軍用加固型，運算速度極快，可同時處理各分系統傳來的各類數據信息，並正確及時的發出指揮指令。

「元」級已實現數字化的指揮、控制、武器管理系統，與艦上的信息時勢數據鏈系統組成艇上的C4I系統。光電桅桿是新型的不穿透艦殼CCD一體型，探測雷達使用了自某國進口的引進改良型，該艇重點是裝設了中國某潛艦學院教授研製的水下精確導航定位系統。這套系統的導航定位精度高，可極大的提高水下發射飛彈的攻擊準確性。

「蒼龍」級潛艦

隨著AIP技術的發展，日本在「春潮」級的最後一艘「朝潮」號進行了相關實驗，在此基礎上，日本開發了基於AIP技術的新一代柴油動力攻擊型常規潛艦，即「蒼龍」級潛艦。首艘「蒼龍」號（SS-501）由三菱重工神戶造船廠負責建造，這也是繼韓國的「孫元」一級"（214型）之後東亞第二款AIP型潛艦。日本亦成為世界上繼瑞典（「哥特蘭」級潛艦）後第二個採用斯特林發動機（AIP）系統的國家。而「蒼龍」級潛艦更是日本在二次大

下圖：「白龍」號（圖片來源：日本海上自衛隊）

戰後，建造潛艦噸位最大的一款潛艦。

從這一級潛艦開始，日本海軍打破了以往舊帝國海軍以往以潮汐做為命名的慣例（「汐潮」、「春潮」），而是採用了以吉祥動物為命名來源。

「蒼龍」號水面排水量2900噸，水下排水量約為4200噸，主尺度為84.0米×9.1米×8.5米。由於安裝了四台斯特林發動機，因此比「親潮」級的水面排水量增加約200噸，艇體長度增加兩米左右，外形與「親潮」級基本相同，艇型採用了所謂的「雪茄形」線型。

「親潮」級的指揮台圍殼和艇體上層建築的橫截面呈倒V字形錐體結構，其艇體和指揮台圍殼的側面敷設了吸聲材料，主要目的是為了提高對敵人主動聲吶探測的聲隱身性。「蒼龍」級在繼承「親潮」級這一優點的同時，進一步在艇體上層建築的外表面也敷設了聲反射材料，使該級潛艦的聲隱身性能得到進一步提高。

「蒼龍」級的推進系統包括兩

台柴油機、四台斯特林發動機和1台主推進電動機。該級潛艦的水面最高航速為12節,水下最高航速為20節,與「親潮」級潛艦基本相同。但是,「蒼龍」級裝備了四台斯特林發動機,其水下續航力比「親潮」級有了大幅度改進和提高。「蒼龍」號裝備的是瑞典考庫姆公司的V4—275R MkⅢ型斯特林發動機,與「朝潮」號裝備的是同一個型號。該型發動機的額定轉速2000轉

/分,額定連續輸出功率65kW(折合88馬力)。

「蒼龍」號在水下以4～5節的低速航行時使用,以此速度,水下連續潛航至少兩周而不必上浮水面,低於4節時持續潛航時間可進一步延長到三周左右。「蒼龍」號的AIP系統,除了四台斯特林主機之外,還包括一些相關的輔助性設備,如液態氧艙、廢氣處理與排出裝置等。斯特林發動機由佈置在指揮艙內的操控台的控制下自動運行。V4—275R MkⅢ型斯特林發動機是日本購買了瑞典的生產許可證進

下圖:「雲龍」號(圖片來源:日本海上自衛隊)

行製造的,而AIP系統的輔助設備則是日本自行研製的產品。

除了AIP系統外,「蒼龍」級與「親潮」級相比,較為明顯的改進是從十字型尾舵改為X型尾舵。從一九九六年到一九九九年,日本防衛廳技術研究本部進行了數年之久的研究、試驗和性能確認,最終結果表明X型尾舵比十字型舵具有更多的優點,因此決定將其應用於「蒼龍」級潛艦上。

潛艦艉舵的效能基本取決於舵的展長和面積的大小。但是,考慮到潛艦離靠碼頭時需避免尾舵中的水平舵板與岸壁相撞而受損,因此在設計傳統的十字型尾舵時,尾舵中的水平舵板的展長要受到一定限制。另外,為了防止潛艦坐沉海底時傷及尾舵中的垂直舵,尾舵中的垂直舵的舵板的長度也要受到一定限制。上述兩方面的

下圖:「劍龍」號(圖片來源:日本海上自衛隊)

因素限制了十字形尾舵結構的舵板展長，影響了尾舵的效能。但是當尾舵採用X型佈置時舵板長度就不會受到這些限制，因此可以把尾舵的舵板展長設計得更長一些，充分提高尾舵的效能。

從這一方面來看，「蒼龍」級將比「親潮」級具有更好的水下機動能力。「蒼龍」號X型尾舵的最大特點是可以對四個舵板分別進行微控，能夠保證潛艦在水下空間裡進行三維自由運動。由於X型比十字形尾舵的控制技術更為複雜，因此「蒼龍」級將依賴於更為先進的計算機控制技術，這反映了該級潛艦在自動控制技術方面比「親潮」級有了改進和提高。此外，該級艇採

上圖：「蒼龍」號（圖片來源：日本海上自衛隊）

上圖：「雲龍」號（圖片來源：日本海上自衛隊）

舷號	艦名	開工日期	下水日期	服役日期	製造商
SS - 501	蒼龍	2005年3月31日	2007年12月5日	2009年3月30日	三菱重工
SS - 502	雲龍	2006年3月31日	2008年10月15日	2010年3月25日	川崎造船
SS - 503	白龍	2007年2月6日	2009年10月16日	2011年3月14日	三菱重工
SS - 504	劍龍	2008年3月31日	2010年11月15日	2012年3月16日	川崎造船
SS - 505	瑞龍	2009年3月16日	2011年10月20日	2012年3月16日	三菱重工
SS - 506		2011年1月21日			
SS - 507		2012年3月			
SS - 508					

上圖：「雲龍」號（圖片來源：日本海上自衛隊）

用了與「親潮」級潛艦同樣的七葉大側斜螺旋槳。

「蒼龍」號裝載的魚雷和反艦飛彈等各種武備基本上與「親潮」級相同，但是艇上武器裝備的管理卻採用了新型艇內網絡系統。此外，艇上作戰情報處理系統的計算機都採用了成熟商用技術。該艇裝

備的是六具533毫米首魚雷發射管，與「親潮」級上裝備的魚雷發射管完全相同。具體佈置方式是，在潛艦首部分為上下兩層水平排列，上層兩具，下層四具。魚雷發射管可發射89型魚雷、「魚叉」反艦飛彈以及布放水雷等。

「蒼龍」級的聲吶系統是「親潮」級裝備的ZQQ－6的改進型聲吶，由潛艦首部的圓柱形聲吶、艇首上部的偵察聲吶、艇體側面的共形聲吶基陣以及從艇尾釋放的拖曳聲吶等組成。「蒼龍」號裝備的對海搜索雷達與「親潮」級相同，也是ZPS－6系列雷達。

「蒼龍」級技術數據	
排水量：標準：2900噸，水中：4200噸	主要電動機：(交流同期電動機) x1
全長：84.0米	輸出功率(水上/水下)：8000ps/3900ps
全寬：9.1米	武器裝備：533毫米魚雷管6具最大21枚魚
吃水：8.5米	雷(89型魚雷) 潛射型魚叉飛彈
動力：柴油動力x2STIRLING ENGINE(斯特林發動機)	
（川崎4V-275R MkIII）x4	

877 型 /636 型 / 基洛級 /K（Kilo）級

K級常規動力攻擊潛艦（Kilo class，基洛為Kilo的音譯）是俄羅斯海軍戰後第三代、目前主力的柴電潛艦。「基洛」級原型的蘇俄編號是877級「鰈魚」型，而後「基洛」級在經過現代化等改裝後形成了「基洛」級改進型（Improved Kilo），俄方編號636級「華沙之歌」型。印度的「基洛」級經改裝後被命名為Sindhughosh級。「基洛」級是目前俄羅斯出口量最大的潛艦級別。以火力強大、噪音小而聞名。自前蘇聯成功研製核動力攻擊潛艦後，對於常規動力潛艦的研究也相對減少了不少。而K級則是在前蘇聯在這期間研製的最成功的

877型/636型/「基洛」級
艦種：柴電動力攻擊潛艦
前型：T級
次型：拉達級
竣工：一九八二年

柴電動力潛艦。該艦由紅寶石設計局於一九七四年起開始設計，首艦一九七九年下水，一九八二年服役。其改進型更成為了柴電動力潛艦中的佼佼者。是目前世界上柴電動力潛艦中最安靜的潛艦之一。未來，「基洛」級可能將由「拉達」級潛艦取代。

一九八九年設計的877LPMB型，後轉名為B－800型kaluga型，生產五艘，配備了L型的用特殊合金「極光」製成的七片槳葉組成的螺旋槳。還有其他一些改進。先配在黑海艦隊後轉入北方艦隊。

B－871 Alrosa號安裝了噴水推進實驗裝置，得到了877V的型別。

在877E（出口型號）上進一步改進有了877EKM（877出口現代化型），主要是針對在熱帶地區的使用改進了一些設備。

08773、877EKM改進後出售印度的型號，加裝了俱樂部－S潛射飛彈，MGK－EM水聲分析系統，和新的控制與維護設備。首批印購艦於兩條於一九九九年一月轉交。

636型，是將877EKM進一步改

進，瞄準世界市場的潛艦。

「基洛」級是少數蘇俄常規動力潛艦中使用水滴外形的潛艦。根據各國大量實驗證明，水滴型潛艦在水下的阻力最小，且航行時產生的噪音也較低，美國海軍一九五九年的「鰹魚」級核潛艦是世界上最早採用此外形的潛艦。「基洛」級使用光滑外形，這一點與同時代的蘇俄核潛艦「阿庫拉」級（北約代號「阿庫拉」）極為相似。「基洛」級擁有雙殼體結構，為了盡可

能減少艦內噪音傳播出去，「基洛」級在外殼上用了0.8平米大小的消聲瓦覆蓋。「基洛」級在北約中有個外號流傳「黑洞」。根據分析它和德國209型艦的靜音性能在伯仲之間。

有一艘877V型裝備了實驗用的噴水式推進裝置。

「基洛」級的火力也相當強大，裝備六具533毫米魚雷發射管，全部置於艇首，其中最上面的兩具是專用於發射線導魚雷的發射管。877級能夠裝備53型魚雷、SET—53M魚雷、SAET—60M魚雷、SET—65魚

下圖：「基洛」級常規動力潛艦 （圖片來源：互聯網）

雷、71系列線導魚雷。636型與出口至印度的Sindhughosh級都具備了通過魚雷管發射俱樂部—S潛射反艦飛彈的能力。「基洛」級也摒棄了以往蘇聯潛艦不重視電子設備的「傳統」，裝備了自動裝填裝置，和MVU—110EM型計算器，可以同時鎖定五個目標（手動兩個，自動三個）。還使用了氣動不平衡魚雷發射裝置，大大降低了魚雷發射時的噪音。

一九九四年中引進了第一批兩艘877型和兩艘636型，後來又增購

舷號	艦隊
364	東海艦隊
365	東海艦隊
366	東海艦隊
367	東海艦隊
368	東海艦隊
369	東海艦隊
370	南海艦隊
371	南海艦隊
372	南海艦隊
373	南海艦隊
374	東海艦隊
375	東海艦隊

技術數據

水上排水量：2325 噸
潛航排水量：3076 噸
水上吃水：6.6米
潛航深度：240米
全長：74.3米
全寬：9.9米
艇體結構：雙殼體
動力系統柴電動力：5900馬力
燃料：柴油
葉軸：6葉螺旋槳、單軸推進
水上極速：10節
潛行極速：17節
續航力：7節/6500海里（通氣管狀態滿載燃油）下45天
乘員：57人
武器裝備
魚雷：6具533毫米魚雷發射管，其中2具專用發射線導魚雷，可裝備53型魚雷、71系列線導魚雷，18枚魚雷
飛彈：8發9K34箭—3/SA—N—8小妖或10發9K38針式飛彈/SA—N—10松雞對空飛彈：（但未在出口艇上裝過）
（636型可裝備「3M54S俱樂部—S/SSN—27Sizzler熱天」潛射飛彈）

八艘636型。636級外觀與877級沒有太大的區別。在數據上，636型的水面排水量為2325噸，水下排水量3076噸，水面速度11節，水下速度達到20節，通氣管狀態下的續航力為7000海里/7節，工作深度250米，最大下潛深度300米，裝備「俱樂部－S」反艦飛彈。

右圖：「基洛」級常規動力潛艦　（圖片來源：互聯網）